Dominik Stöffler

Herstellung dünner metallischer Brücken durch Elektromigration und Charakterisierung mit Rastersondentechniken

Experimental Condensed Matter Physics
Band 5

Herausgeber
Physikalisches Institut
Prof. Dr. Hilbert von Löhneysen
Prof. Dr. Alexey Ustinov
Prof. Dr. Georg Weiß
Prof. Dr. Wulf Wulfhekel

Eine Übersicht über alle bisher in dieser Schriftenreihe
erschienenen Bände finden Sie am Ende des Buchs.

Herstellung dünner metallischer Brücken durch Elektromigration und Charakterisierung mit Rastersondentechniken

von
Dominik Stöffler

Dissertation, Karlsruher Institut für Technologie
Fakultät für Physik
Tag der mündlichen Prüfung: 09.02.2012
Referenten: Prof. Dr. H. v. Löhneysen, Prof. Dr. G. Weiß

Impressum

Karlsruher Institut für Technologie (KIT)
KIT Scientific Publishing
Straße am Forum 2
D-76131 Karlsruhe
www.ksp.kit.edu

KIT – Universität des Landes Baden-Württemberg und nationales
Forschungszentrum in der Helmholtz-Gemeinschaft

KIT Scientific Publishing 2012
Print on Demand

ISSN 2191-9925
ISBN 978-3-86644-843-8

Herstellung dünner metallischer Brücken durch Elektromigration und Charakterisierung mit Rastersondentechniken

Zur Erlangung des akademischen Grades eines

DOKTORS DER NATURWISSENSCHAFTEN

bei der Fakultät für Physik

des Karlsruher Instituts für Technologie

genehmigte

DISSERTATION

von

Dipl.-Phys. Dominik Stöffler

aus Karlsruhe

Tag der mündlichen Prüfung: 9. Februar 2012

REFERENT: Prof. Dr. Hilbert von Löhneysen
KORREFERENT: Prof. Dr. Georg Weiß

Für Marion

Inhaltsverzeichnis

Inhaltsverzeichnis

Abbildungsverzeichnis

1 Einleitung

In den vergangenen Jahren hat sich das Mooresche Gesetz als korrekte Vorhersage erwiesen. Es besagt, dass sich die Transistordichte auf einem Computerchip alle zwei Jahre verdoppelt [1]. Diese Entwicklung ging einher mit einer kontinuierlichen Verkleinerung der Strukturen dieser auf Halbleitern basierenden Technik. Die Größenordnungen für die Chips der neusten Generation liegen mittlerweile im Bereich von 10-20 Nanometer. Damit nähert sich diese Entwicklung immer weiter dem Bereich an, in welchem die klassischen Gesetzmäßigkeiten durch quantenmechanische Effekte ersetzt werden. Ein besseres Verständnis für den Einfluss quantenmechanischer Effekte auf Kontakte und Leiterbahnen mit Größen von nur wenigen Atomen zu erlangen, ist eines der wesentlichen Aufgabengebiete der Grundlagenforschung.

Gleichzeitig zeichnet sich ab, dass mit den aktuell verwendeten Herstellungsmethoden der Chiptechnik in naher Zukunft eine weitere Verkleinerung der Strukturen nicht möglich sein wird, so dass eine alternative Herangehensweise erforderlich ist. Ein möglicher Ansatz ist die Verwendung einzelner Moleküle als Bausteine elektronischer Schaltelemente [2], die in den letzten Jahren in den Arbeitsschwerpunkt vieler Forschergruppen gerückt ist. Diese sogenannte molekulare Elektronik soll Schaltungen auf molekularer Größenordnung im Bereich weniger Nanometer ermöglichen. Durch Adressierung mit elektrischen, chemischen oder optischen Impulsen sollen in Zukunft die Moleküle die Aufgaben der klassischen Transistoren, Dioden und logischen Schaltelementen übernehmen.

Um die Transportmechanismen und elektronischen Eigenschaften einzelner Moleküle untersuchen zu können, bedarf es wohldefinierter Kontakte in einer kontrollierbaren Umgebung, die frei von Kontamination ist. Bisher konnten einzelne Moleküle zum Beispiel mit der mechanisch kontrollierten Bruchkontakttechnik kontaktiert werden [3]. Die Hauptschwierigkeit dieses Verfahrens besteht darin, dass sich auf die lokale Orientierung des Moleküls im Kontakt nur indirekt aus elektronischen Transportmessungen und theoretischen Berechnungen schließen lässt.

Ein Abbilden der Geometrie ist mit dieser Technik nicht möglich. Außerdem ist diese Methode für spätere Anwendungen auf Computerchips nicht geeignet, da dazu viele Bruchkontakte benötigt werden, die sich nicht auf einem rigiden Chip aufbauen lassen.

Idealerweise müssten dünne Kontakte flach auf einem Substrat aufliegen, so dass die Moleküle zwischen den Kontakten für Rastersondenmikroskopie [4, 5] zugänglich sind, wie dies in Abbildung 1.1 schematisch dargestellt ist.

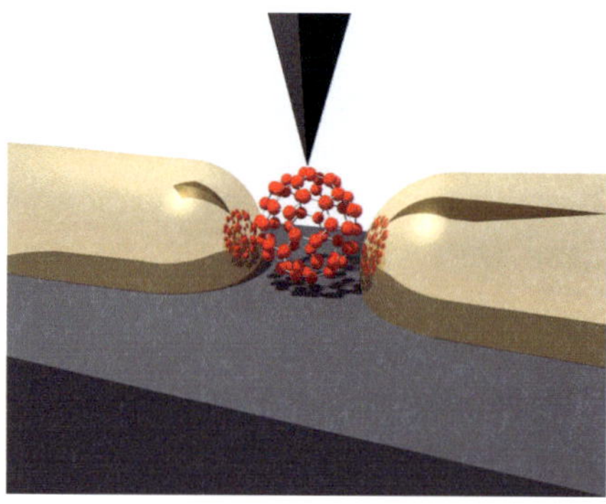

Abbildung 1.1: Idealisierte Kontaktanordnung für molekulare Elektronik

Eine Möglichkeit, solch eine Anordnung mit nur wenigen Nanometern Abstand zwischen den beiden Kontakten herzustellen, ist die Elektromigration [6]. Beim Anlegen einer Spannung führt ein Stromfluss durch eine dünne metallische Nanobrücke zunächst zu einer Ausdünnung und schließlich zu einer Unterbrechung. Die Unterbrechung kann nur wenige Nanometer groß sein [7]. Diese Methode wurde bisher erfolgreich an Luft durchgeführt. Ein Einfluss von Kontaminationen auf die physikalischen Eigenschaften der dünnen Strukturen und der in Zukunft zu charakterisierenden Moleküle ist hierbei nicht auszuschließen. Daher ist ein Transfer aller Prozessschritte in eine kontrollierbare Umgebung, wie dies z.B. die Ultrahochvakuumtechnik ermöglicht, essentiell für die Untersuchung. Teilweise wurde die Probenpräparation mittels Elektromigration im Ultrahochvakuum bereits für Experimente auf dem Gebiet der molekularen Elektronik eingesetzt [8].

Zur genauen Charakterisierung des Elektromigrationsprozesses im Ultrahochvakuum soll in dieser Arbeit ermittelt werden, ob Rastersondenmessmethoden im Nanometerbereich bei Proben, die zuvor durch Elektronenstrahllithografie hergestellt wurden, möglich sind. Die Elektronenstrahllithografie mit organischen Photolacken und Lösungsmitteln ist die Standardtechnik der Chipfabrikation. Deswegen ist eine Untersuchung an Proben, die auf diese Weise hergestellt wurden, von besonderem Interesse.

Um Strukturen möglichst frei von Kontaminationen untersuchen zu können, ist es notwendig eine Probenpräparationstechnik zu entwickeln, die Herstellung, Charakterisierung und elektronische Transportmessungen in situ ermöglicht, was eine der großen Herausforderungen der Ultrahochvakuumtechnik mit ihren begrenzten externen Manipulationsmöglichkeiten darstellt.

Weiterhin soll überprüft werden, wie der Elektromigrationsprozess phänomenologisch verläuft und ob er durch die bisherigen Erklärungen der Literatur vollständig beschrieben wurde. Außerdem soll geklärt werden, ob es einen prinzipiellen Unterschied des Elektromigrationsprozesses im Ultrahochvakuum im Vergleich zu Raumdruckbedingungen gibt.

Die Arbeit ist wie folgt gegliedert: in Kapitel 2 werden die verschiedenen Herstellungsmethoden der Nanobrücken und der Aufbau der Präparationskammer kurz erklärt. In Kapitel 3 wird der Elektromigrationsprozess und seine technische Realisierung im Experiment vorgestellt. Auf die Charakterisierung mit Hilfe von Rastersondenmessungen und Elektromigrationsexperimenten an Nanobrücken unter Ultrahochvakuumbedingungen wird in Kapitel 4 eingegangen. Abgeschlossen wird die Arbeit durch eine kurze Zusammenfassung der Ergebnisse in Kapitel 5.

Teile dieser Arbeit wurden bereits veröffentlicht:

- R. Hoffmann, D. Weissenberger, J. Hawecker und D. Stöffler. „Conductance of gold nanojunctions thinned by electromigration ". *Appl. Phys. Lett* **93**.4 (2008), S. 123120

- D. Stöffler, H. v. Löhneysen und R. Hoffmann. „STM-induced surface aggregates on metals and oxidized silicon ". *Nanoscale* **3** (2011), S. 3391

- D. Stöffler, S. Fostner, P. Grütter und R. Hoffmann. „Scanning probe microscopy imaging of metallic nanocontacts ". *Phys. Rev. B* **85**.3 (2012), S. 033404

2 Herstellung von Nanodrähten

Um elektronischen Transport durch einzelne Moleküle zu charakterisieren, ist es notwendig Kontakte herzustellen, die einen Abstand in Molekülgröße, also wenige Nanometer, aufweisen. Für zukünftige Anwendungen in der Computerindustrie sollten diese Kontakte flach auf einem Chip aufgebracht werden, was zugleich eine gute Zugänglichkeit für Rastersondenmessungen gewährleisten sollte. Außerdem werden makroskopische Zuleitungen für die elektronischen Transportmessungen an diesen Kontakten benötigt.

Eine Technik, um Kontakte mit diesen Anforderungen herzustellen, ist die Elektromigration, bei der durch Stromfluss nanometergroße Unterbrechungen in dünnen Leitern erzeugt werden. Für diesen Prozess werden dünne metallische Nanobrücken benötigt, die über große Kontaktflächen mit der Messapparatur verbunden werden. In diesem Kapitel werden drei verschiedene Herstellungsmethoden für unterschiedliche Anforderungen des Experiments vorgestellt.

2.1 Elektronenstrahllithografie-Herstellung

Mit der Entwicklung des Rasterelektronenmikroskops [9] war es einfach und reproduzierbar möglich, mittels Elektronenstrahllithografie Flächen im Bereich von 10–100 Nanometer zu strukturieren. Vor allem für die Mikrostruktur- und Halbleiterindustrie ist dieses Verfahren von großer Bedeutung, und es werden ständig Verbesserungen durchgeführt, um noch kleinere metallische Leiterbahnen, speziell in der Computerchipentwicklung, herzustellen.

Zur Herstellung von Nano- und Mikrostrukturen mittels Elektronenstrahllithografie wurde im Rahmen dieser Arbeit Polymethylmethacrylat (PMMA) auf einen Siliziumchip mit einer nativen Oxidschicht von wenigen Nanometern [10] aufgebracht. Dieser sogenannte (Positiv-)Fotolack wurde auf die Probe getropft, mit einer Lackdicke von ca. 200 nm durch Spin-Coating auf der Oberfläche verteilt und dann in einem Ofen gehärtet.

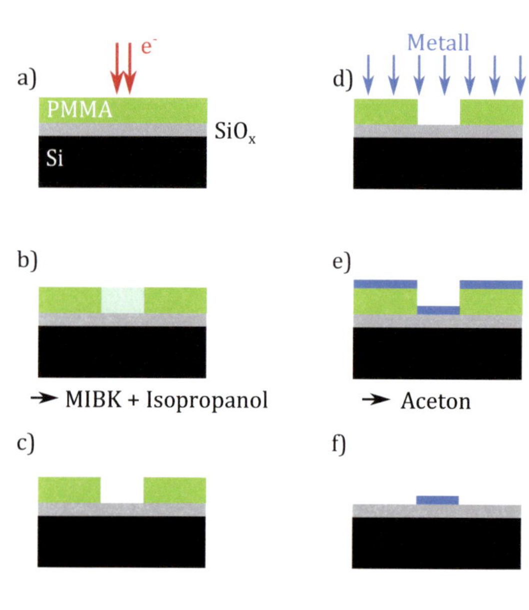

Abbildung 2.1: Prinzipskizze zur Elektronenstrahllithografie a) Der Photolack (Polymethylmethacrylat – PMMA) auf einem Siliziumchip mit nativer Oxidschicht wird mit dem Elektronenstrahl eines Rasterelektronenmikroskops belichtet. b) Die geschriebenen Strukturen werden mit Entwickler (Methylisobutylketon – MIBK) und Isopropanol behandelt, so dass die Strukturen frei von PMMA sind (c). d) Ein dünner metallischer Film wird in einer Hochvakuumkammer aufgedampft. e) Mit Aceton wird das restliche PMMA und die darauf befindliche Metallschicht entfernt. f) Auf der Probenoberfläche bleibt der metallische Film in den strukturierten Bereichen zurück.

Mit einem Elektronenstrahl werden die zu belichtenden Bereiche der Probe abgerastert, was zu einer chemischen Umwandlung durch Aufspaltung der langen Molekülketten des Photolacks führt. Dadurch kann der so umgewandelte Fotolack gelöst werden. Je nach verwendeten Parametern des Elektronenstrahls können Strukturen von einigen Mikrometern bis zu ca. 50 Nanometern strukturiert werden. Im nächsten Schritt wird die Probe ex situ zunächst in Methylisobutylketon (MIBK) entwickelt, bei der die belichteten Bereiche freigelegt werden. Dann wird der Entwicklungsprozess mit Isopropanol gestoppt. Die Probe wird dann in eine Hochvakuumanlage ($p \leq 10^{-8}$ mbar) transferiert und mittels thermischer oder Elektronenstrahlverdampfung mit einem wenige Nanometer dicken Metallfilm beschichtet. Durch Eintauchen der Probe in 80 Grad warmes Aceton wird im letzten Schritt ("lift-off") das restliche PMMA und die dar-

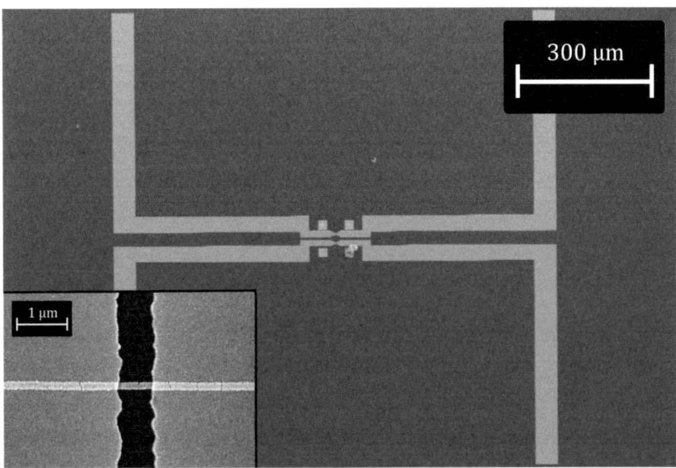

Abbildung 2.2: Diese Probe mit zwei Strukturen für Elektromigrationsexperimente wurde mit Elektronenstrahllithografie in einem zweistufigen Prozess hergestellt. Zunächst wurden die 200 nm breiten Drähte (Vergrößerung) und dann die Mikrometerstrukturen der Zuleitungen hergestellt.

auf aufgedampften, nicht benötigten Metallbereiche entfernt, so dass nur die strukturierten Bereiche auf der Probenoberfläche zurückbleiben.

Zum Schreiben der Strukturen für diese Arbeit in einem kommerziellen Rasterelektronenmikroskop (Zeiss Supra) wurde ein Lithografiesystem (Raith) verwendet. Die gewünschten Strukturen und alle benötigten Parameter wie Dosis, Blende, Beschleunigungsspannung und Belichtungszeit wurden dort vorgegeben.

Auf einen Probenchip wurden drei Strukturen mit je zwei Brücken für Elektromigrationsversuche wie in Abb. 2.2 nebeneinander aufgebracht. Zunächst wurden die 200 nm breiten Drähte und dann in einem zweiten Schritt die mehrere Mikrometer großen Zuleitungen hergestellt. Um die beiden Schritte richtig auszurichten und somit die Drähte zwischen zwei Zuleitungsbereichen korrekt aufzubringen, wurden Positionierkreuze eingesetzt.

Während die Elektronenstrahllithografie eine hohe Reproduzierbarkeit und Genauigkeit der erzeugten Strukturen sowie eine gute Automatisierung für die Industrie bietet, hat sie auch einige Nachteile. Aufgrund des Herstellungsprozesses verbleiben sowohl auf der Probenoberfläche als auch unter den aufgedampften metallischen Strukturen organische

Moleküle (s. Kapitel 4.1.2), welche zu Artefakten in Messungen im Nanometerbereich führen können. Sollen Kontakte im Bereich einiger Atome bzw. einiger Leitwertquanten oder Moleküle zwischen den Kontakten gemessen werden, so sind Kontaminationen zu vermeiden. Auch bei Experimenten im Ultrahochvakuum können diese Kontaminationen zu einem Hintergrunddruck führen [11], der sich störend auf die Messergebnisse auswirkt. Außerdem kann es prozessbedingt bei dieser Methode zu Aufhäufungen von Material an den scharfen Probenrändern kommen, die die Abbildung mit Rastersondenmethoden erschweren.

2.2 Maskenbedampfung mit aufgesetzten Si_3N_4-Masken

Eine Möglichkeit zur Vermeidung von Kontaminationen ist die Probenstrukturierung mittels Maskenbedampfung, die unter Ultrahochvakuumbedingungen die Herstellung sauberer Strukturen ermöglicht. Dabei wird eine vorstrukturierte Maske dicht an die saubere Substratoberfläche gebracht und dann ein Metall aufgedampft [12, 13, 14, 15]. Sollen unterschiedlich große Strukturen, wie z.B. Kontaktbereiche und Nanostrukturen aufgebracht werden, muss ein mehrstufiger Prozess verwendet werden. Da jeder Kontakt mit Luft zu einer Veränderung der Probenoberfläche und somit der physikalischen Eigenschaften der Probe führen kann, ist es ein Ziel, alle Prozessschritte und die nachfolgenden charakterisierenden Messungen in situ durchzuführen.

Zu diesem Zweck wurde bereits von C. Gärtner ein modularer Probenhalter auf Basis einer kommerziellen Probenplatte von Omicron Technologies entwickelt, der sowohl die Standardreinigungsmethoden, wie z.B. Direktstromheizen von Siliziumsubstrat, als auch die Manipulation verschiedener Masken- und Kontaktfederhalter mit einer mechanischen Hand im Ultrahochvakuum ermöglicht [16].

Da für die Herstellung von Nanobrücken ein zweistufiger Prozess (Brücke und Kontaktflächen) nötig war, mussten im ursprünglichen Design bis zu 48 Nanobrücken in die Maske geschrieben werden. Dies führte zu langen Schreibzeiten, so dass durch die Drift des Schreibsystems die Genauigkeit der Nanobrückenstrukturen reduziert wurde. Eine Reduzierung der Anzahl der zu schreibenden Nanostrukturen durch eine höhere Positioniergenauigkeit der Kontaktflächenmasken zu den Nanobrückenmasken war deshalb notwendig.

Dazu wurde im Zuge dieser Arbeit eine magnetische Dreipunkthalterung für die Ausrichtung der beiden Aufdampfmasken zueinander, ähnlich der Probenaufnahme bei [17], aufgebaut. In den Masken- und Kontaktfederhaltern sind starke UHV-taugliche NdFeB-Magnetscheiben[1] integriert, auf denen magnetische Stahlhalbkugeln mit leitfähigem Epoxykleber (E4110 von Epotek) aufgebracht wurden.

Auf der Probenhaltergegenseite wurden drei magnetische Stahlpfosten angebracht, von denen zwei durch Gewindestangen und Muttern höhenverstellbar waren. Damit sollte ermöglicht werden, dass die Masken sehr dicht an die Substratoberfläche herangebracht werden können und somit der Halbschatten beim Aufdampfen klein gehalten wird. Die Stahlpfosten wurden mit drei unterschiedlichen Auflagen für die Halbkugeln versehen, wodurch eine eindeutige Position der Maskenhalter gewährleistet werden sollte. Eine Auflage ist glatt und ermöglicht Rotation sowie laterale Bewegung in der Ebene. Die zweite Auflage besitzt eine kegelförmige Mulde, die nur eine Rotation aber keine laterale Verschiebung ermöglicht. Die dritte Auflage besteht aus einem V-Schlitz, der auch die Rotation, aber nur eine laterale Bewegung entlang des Schlitzes ermöglicht. Durch diese unterschiedlichen Einschränkungen der Freiheitsgrade sollte gewährleistet werden, dass nur minimale laterale Bewegungen der Maskenhalter bei der Montage möglich sind.

Die Anordnung auf den Probenhaltern war wie in Abbildung 2.4 realisiert. Der aufgesetzte Maskenhalter mit den Halbkugeln lässt sich um den Muldenpfosten (links vorne) als Drehachse bewegen. Um dies zu verhindern, ist der V-Schlitzpfosten (rechts vorne) so ausgerichtet, dass diese Rotation um den Muldenpfosten nicht mehr möglich ist. Gleichzeitig ist die laterale Bewegung in der Ebene entlang des Schlitzes wiederum durch den Muldenpfosten unterbunden. In der Praxis hat sich gezeigt, dass eine leichte Verdrehung des Schlitzes aus dieser abgebildeten Position zu den besten Ergebnissen geführt hat.

Trotz dieser theoretisch eindeutigen und reproduzierbaren Positionierung des Maskenhalters, ist eine minimale laterale Bewegung in der Ebene entlang des Schlitzes möglich. Erklären lässt sich dieses Spiel zum einen mit den Fertigungstoleranzen des gesamten Aufbaus und zum anderen da-

---

[1]www.maurer-magnetic.ch, www.neotexx.de

Abbildung 2.3: oben links: Modularer Probenhalter mit Siliziumstreifen (4) und Dimensionen 15×18 mm^2. Zu sehen sind die drei Pfosten (1–3) für das Positioniersystem und auf der Rückseite die Quader für die Probenkontaktierung (5). An der Öse (6) werden Proben-, Masken- und Spangenhalter im Ultrahochvakuum gegriffen und bewegt.
oben rechts: Maskenhalter mit 35 μm TEM-Kupfersteg für die Kontaktflächen (7). Auf der Rückseite der eingeklebten Magnete (8) befinden sich Halbkugeln.
unten links: Maskenhalter mit nanostrukturiertem Siliziummaskenchip (9).
unten rechts: Kontaktfederhalter mit vier Kontaktspangen (10).

mit, dass die höhenverstellbaren Pfosten eine gewisse Länge und dadurch eine leichte Verkippung aus der Idealposition senkrecht zur Probenplatte aufweisen. Diese Variation der an Luft eingestellten Maskenhalterposition ist im Bereich einiger μm und muss beim Maskendesign berücksichtigt werden. Durch Drehung des Schlitzpfostens mit Schlitz in Richtung des Muldenpfostens oder senkrecht dazu kann die Maskenverschiebung abhängig von der Probenstruktur auf der Oberfläche des Siliziumsubstrats

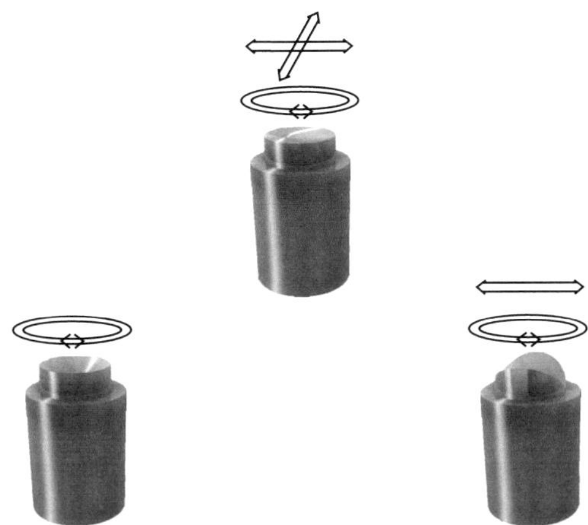

Abbildung 2.4: Schematische Darstellung der Kugelaufnahmen des Positioniersystems. Die Pfeile und Kreise geben die Freiheitsgrade der jeweiligen Aufnahme an. Der Schlitz des Pfostens rechts unten schränkt die Rotation um die Kegelmulde ein, während diese die laterale Bewegung in der Ebene fixiert. Durch diese Anordnung ist prinzipiell die Position der aufgesetzten Halter eindeutig festgelegt.

eingestellt werden. Dabei wird eine Verschiebung parallel zur langen Seite des Siliziumchips als horizontale Verschiebung und senkrecht dazu entlang der kurzen Seite auf der Oberfläche des Chips als vertikale Verschiebung definiert.

Für ein Probenlayout, wie in der Prinzipskizze 2.5 rechts oben gezeigt, ist es wichtig, dass die Maske für die grüne Nanostruktur (Mitte), die die beiden gelben Kontaktflächen überspannt, nicht so weit beim Aufsetzen in der Horizontalen verschoben wird, dass kein Kontakt mehr zwischen den gelben Flächen vorhanden ist. Eine Verschiebung von mehreren μm in vertikaler Richtung spielt dabei eine untergeordnete Rolle, da die Kontaktflächen eine vertikale Ausdehnung von 1–2 mm zeigen. Ein Probenlayout, das im Vergleich dazu um 90° gedreht ist, kann durch eine andere Ausrichtung des Schlitzpfostens mit der notwendigen Positioniergenauigkeit realisiert werden.

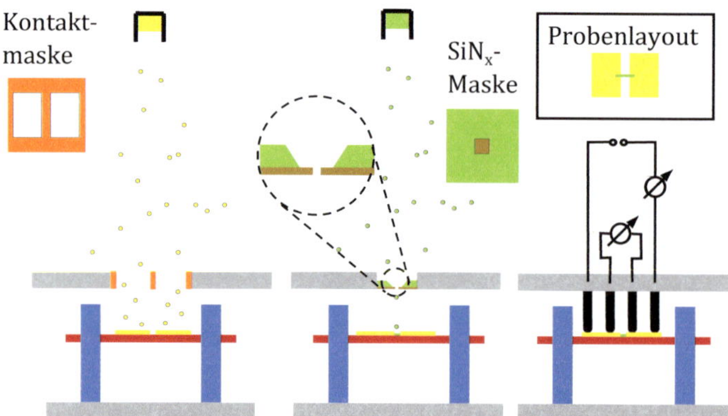

Abbildung 2.5: Prinzip der zweistufigen Maskenbedampfung.
Zunächst wird eine Maske für die Kontaktflächen verwendet, die z.B. aus einem Steg eines Transmissionselektronenmikroskop-Gitters (orange) besteht. Damit werden die Kontaktflächen (gelb) aufgedampft.
In einem zweiten Aufdampfschritt wird durch eine aufgesetzte kupferverstärkte Siliziumnitridmembran (braun), in die mit fokussiertem Ionenstrahl (FIB) eine Nanostruktur geschrieben wurde, die Brücke (grün) zwischen den Kontaktflächen aufgedampft. Dabei ist es wichtig, dass die horizontale Positioniergenauigkeit so gut ist, dass die Nanobrücke die beiden Flächen verbindet.
Durch einen Kontakthalter werden Spangen auf die Kontaktflächen gedrückt, die die Nanobrücke für elektronische Transportmessungen kontaktieren.

In den Maskenhaltern wurden parallel zum Substrat Kupferrahmen eingepasst, auf die entweder Transmissionselektronenmikroskop-Gitter für die Kontaktflächen (Bild 2.3 oben rechts) oder Aufdampfmasken für die Nanostrukturen (Bild 2.3 unten links) aufgeklebt wurden. Diese Kupferrahmen sind entlang des Siliziumchips verschiebbar, um die Masken horizontal zueinander ausrichten zu können und werden mit kleinen Schrauben am Maskenhalter fixiert. Die Nanostrukturmasken wurden mit einem kommerziellen fokusierten Ionenstrahl-System (Focused Ion Beam – FIB)[2] in Siliziumchips geschrieben. Die Chips sind auf einer Seite mit 200 nm Siliziumnitrid (Si_3N_4) beschichtet und besitzen ein $500 \times 500 \ \mu m^2$ großes Fenster, das nur von der Nitridschicht überspannt wird und in das die Nanostrukturen geschrieben werden können. Um Aufladungen während des Schreibprozesses und ein Einreißen des Nitridfilms zu vermeiden, wurde

---

[2] FEI Strata 400 STEM

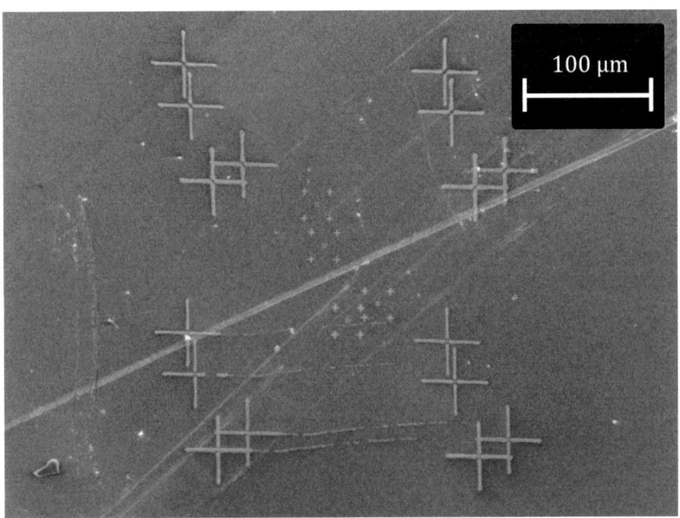

Abbildung 2.6: Aufgedampfte Kreuzstrukturen zur Bestimmung der Positioniergenauigkeit des modularen Haltersystems.

Kupfer auf den Chip mit 50 nm auf der Unterseite und 200 nm auf der Oberseite aufgedampft. Mit diesem Verfahren war es möglich, freitragende Stege oder Schlitze von 150 nm zu erzeugen (Abbildung 2.7). In dieser Arbeit wurden Masken zum Aufdampfen von kondensatorähnlichen Strukturen, Nanobrücken für Elektromigrationsexperimente und symmetrische Kreuzanordnungen hergestellt (Abb. 2.7).

Die Maskenhalter wurden zunächst mit den höhenverstellbaren Pfosten an Luft so auf die Probenhalter eingestellt, dass die Aufdampfmasken möglichst nahe an die Probenoberfläche herankamen. Dadurch sollte ein zu großer Halbschattenbereich, der sich aus den geometrischen Abständen von Probe, Maske und Verdampferquelle ergibt, vermieden werden. Mit Halbschattengrößen h von 25–50 nm, dem Abstand zwischen Tiegel und Maske d von 30 cm und einem Tiegeldurchmesser b von 1 cm lässt sich über den Strahlensatz ein Abstand zwischen Maske und Probe von d_{MP} = 8–16 μm ermitteln, was dem Auflösungsvermögen des verwendeten Stereomikroskops entsprach.

Der Maskenhalter mit den Positionierkreuzen wurde mehrfach mit der gleichen Justierung im Ultrahochvakuum mit einer mechanischen Hand aufgesetzt und es wurde jedesmal eine Struktur aufgedampft (Abb. 2.6).

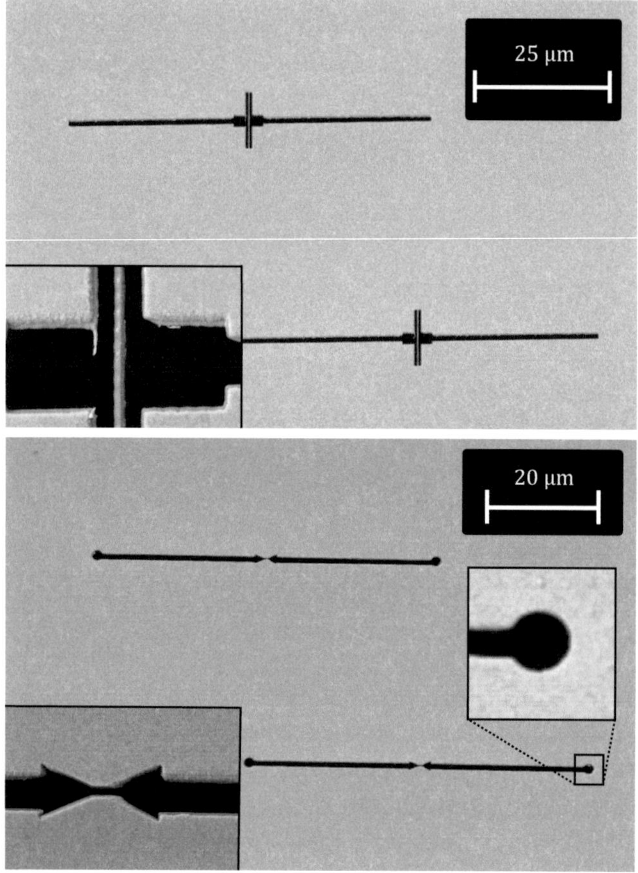

Abbildung 2.7: oben: Aufdampfmaske für kondensatorähnliche Strukturen. Der Steg in der Vergrößerung ist 260 nm breit.
unten: Mit dieser Maske können Nanobrücken für Elektromigrationsexperimente aufgedampft werden. Die minimale Schlitzbreite beträgt 150 nm.
Aufgrund der hohen Positioniergenauigkeit sind zwei Strukturen, die einen Bereich von 90 μm abdecken, ausreichend. An den Enden der Nanobrückenstruktur wurden Kreise strukturiert, um ein Einreißen der Maske zu verhindern.

Aus den Abständen der einzelnen Strukturen konnte somit die Positioniergenauigkeit des Haltersystems bestimmt werden. Sie ergab eine horizontale Varianz (parallel zum Siliziumsubstrat) von 26 $\pm$ 14 μm (maximal 46 μm) und eine vertikale Varianz (senkrecht dazu in der Ebene) von 35 $\pm$ 29 μm (maximal 88 μm). Die hohe vertikale Abweichung hatte für die weiteren Experimente, wie oben an der Prinzipskizze erklärt, keine Relevanz, da nur die horizontale Ausrichtung der Kontaktflächen zu den Nanostrukturen benötigt wurde. Durch diese hohe horizontale Positioniergenauigkeit konnte die Anzahl an benötigten Strukturen von ursprünglich 48 des ersten Haltersystems [16] auf 2 reduziert werden.

Für die Kontaktflächen wurden Transmissionselektronenmikroskopgitter (TEM-Grids) mit einer Breite von 35 μm als Masken verwendet. Die im zweiten Aufdampfschritt verwendeten Nanostrukturmasken wurden derart geschrieben, dass gerade eine Struktur die beiden Kontaktflächen verbindet. Die Dimensionen und die Anzahl der Strukturen ergaben sich aus der horizontalen Positioniergenauigkeit des Haltersystems.

Aufgrund der Langzeitdrift des FIB-Systems war es notwendig, möglichst wenig Strukturen pro Maske zu schreiben und somit eine kurze Schreibzeit zu erreichen. Durch die hohe Positioniergenauigkeit waren zwei 70 μm lange Strukturen ausreichend. Das Einreißen der Maske an den Enden der langen Strukturen konnte durch Strukturierung von Kreisen und somit Vermeidung von rechten Winkeln reduziert werden (Abbildung 2.7 unten). Durch Verwendung hoher Schreibströme konnten die Masken sauber ausgefräst und somit die Rauigkeit der Ränder gegenüber [16] verbessert werden.

Die in diesem Zweistufenprozess hergestellten Strukturen konnten dann mit Kontaktfedern an einem weiteren Halter mit den auf dem Probenhalter vorhandenen rechteckigen Kontaktpfosten elektrisch verbunden werden. In der verwendeten Ultrahochvakuumanlage sind Kontaktspangen angebracht, die den Kontakt zwischen den Kontaktpfosten und der Verkabelung zur Luftseite herstellten, um Transportmessungen in situ durchzuführen.

Ein kritischer Punkt dieses Probenherstellungsprozesses war das Aufsetzen mit der mechanischen Hand. Aus Geometriegründen mussten Masken- und Kontaktspangenhalter über einen 30 cm langen Hebel aufgesetzt werden, was trotz langer Übung immer wieder zu falsch aufgesetzten oder zerstörten Masken führte. Auch ist es möglich, dass die Masken beim Aufsetzen verrutschen, was zu großen Halbschattenbereichen und Strukturen führt. Beim Aufsetzen des Kontaktspangenhalters kann es zu einer Zerstörung der Proben kommen, wenn dieser verrutscht.

Ein neuer Anlagenaufbau an der UHV-Kammer eines Rasterkraftmikroskops (Omicron) mit einer kurzen mechanischen Hand und mehr Glasfenster für eine bessere Sichtmöglichkeit sollten aber in Zukunft diese Probleme beseitigen. Damit ist diese Methode sehr gut geeignet, um kontaminationsfreie Nanobrücken, die gleichzeitig zugänglich für Rastersondenmessungen sind, herzustellen.

2.3 Maskenbedampfung mit unterätzten Si$_3$N$_4$-Masken

Während sich mit der Elektronenstrahllithografie scharf begrenzte Strukturen ohne Halbschatten erzeugen lassen, ermöglicht die Bedampfung durch eine aufgesetzte Maske die Herstellung einer Probe ohne organische Moleküle auf der Probenoberfläche, die zu Artefakten in Topographie oder elektronischen Transportmessungen führen. Allerdings ist die in-situ-Probenpräparation mit aufgesetzten Masken ein Prozess mit vielen Zwischenschritten. Dabei kann es zu Zerstörungen der Masken, zu großen Halbschattenbereichen und Strukturen durch Verrutschen der Maskenhalter oder zu hohen Kontaktwiderständen durch nicht korrekt aufgesetzte Kontaktspangen kommen.

Eine Herstellungstechnik für Nanostrukturen, die in situ mit einem Prozessschritt auskommt und gleichzeitig frei von organischen Molekülen ist, ist die Verwendung von Unterätzungsmasken direkt auf der Probenoberfläche [11]. Durch den definierten Abstand der Maske zur Substratoberfläche ist die Strukturgröße festgelegt und der Einfluss eines Halbschattens begrenzt. Alle in dieser Arbeit verwendeten Proben wurden mit einem Layout wie in Fig. 2.9 abgebildet hergestellt. Die kontaktierte Struktur verläuft horizontal zwischen den beiden Kontaktflächen. Die höher liegende, unterätzte Maske ist als großer heller Bereich zu erkennen.

Als Substrat wurde Silizium (100) mit einer 800 nm Siliziumdioxidschicht und einer 200 nm Siliziumnitridmembran (Si$_3$N$_4$) verwendet. Analog zur Elektronenstrahllithografie wurden mit dem Rasterelektronenmikroskop in eine aufgeschleuderte PMMA-Schicht die Strukturen geschrieben und die Proben danach entwickelt. Nach erneutem Härten der PMMA-Schicht wurden durch reaktives Ionenätzen (engl. "reactive ion etching", RIE) mit CHF$_3$- und Sauerstoffplasma sowohl das freigelegte Siliziumnitrid als auch das restliche PMMA und alle vom Prozess verbliebenen organischen Moleküle entfernt.

Anschließend wurden die Proben in gepufferter HF-Lösung geätzt. Die Flusssäure ätzt isotrop vorwiegend das Siliziumdioxid, so dass die Silizi-

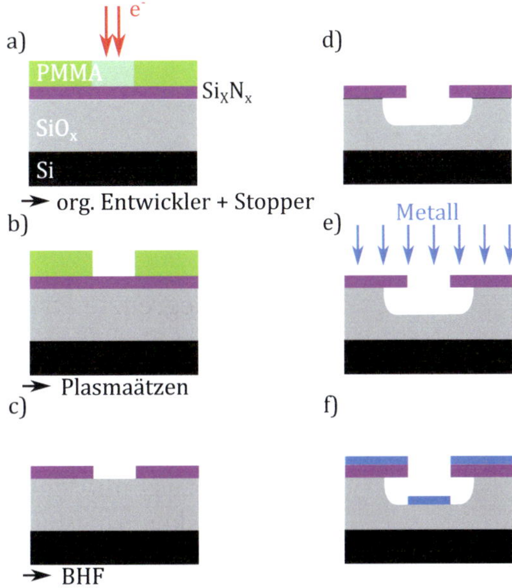

Abbildung 2.8: Prinzipskizze zur Unterätzmaskentechnik

a) Der Photolack (Polymethylmethacrylat − PMMA, 400 nm) auf einem Siliziumchip mit 800 nm Siliziumoxid und 200 nm Siliziumnitrid wird wie in Kapitel 2.1 mit dem Rasterelektronenmikroskop belichtet und mit organischem Entwickler und Stopper behandelt, so dass die Strukturen freigelegt werden (b).

c) Durch reaktives Ionenätzen mit CHF_3 und O_2 wird das Siliziumnitrid in den Strukturen und das restliche PMMA auf der Probe entfernt.

d) Die Probe wird für 5 Minuten in gepufferte HF-Lösung getaucht, wodurch ca. 400 nm des Siliziumoxids unter der Nitridmembran weggeätzt werden.

e) Auf diese unterätzte Probe wird ein metallischer Film aufgedampft, der nun auf der Maske und kontaktfrei zur Maske im unterätzten Bereich vorliegt.(f)

umnitridmembran unterätzt wird. Nach Entfernung von ca. 400 nm SiO_x wurde dann der Ätzprozess mit destilliertem Wasser gestoppt, so dass noch eine isolierende Schicht von 400 nm SiO_x übrig blieb. Auf die Proben wurde dann eine metallische Schicht aufgedampft, die sowohl auf der Maske als auch elektrisch davon getrennt in der unterätzten Struktur abgelagert wurde.

Die typischen Nanobrücken in der Mitte der Struktur (siehe Abb. 2.9) waren 150–200 nm breit, 600–800 nm lang und 25 nm dick. Nach dem Entwicklungsprozess wurden die Kontaktflächen (im Bild als dunkle Bereiche am rechten und linken Rand zu sehen) mit einem Skalpell durch Abkratzen des Fotoresists auf ca. 1 mm² vergrößert. Dies war notwen-

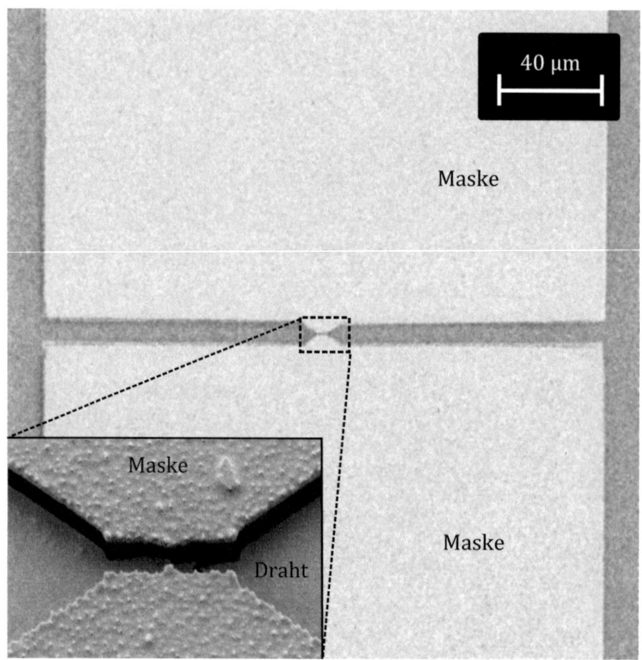

Abbildung 2.9: Layout einer unterätzten Maskenstruktur. Auf beiden Seiten des Drahtbereichs sind große Kontaktflächen (dunkle Bereiche) strukturiert. In der Mitte des Drahtes ist eine Verengung vorhanden, die eine engste Stelle von ca. 200 nm aufweist (kleines Bild).

dig, da Golddrähte mit leitfähigem Epoxykleber H20E (Polytec) aufgeklebt wurden und eine Strukturierung dafür benötigter, entsprechend großer Flächen mit dem Rasterelektronenmikroskop im Vergleich dazu eine unverhältnismäßig lange Zeit benötigt hätte. Die Probe wurde dann auf einen kommerziellen Standardprobenhalter (Omicron) aufgeklebt und mit einer 50 μm Kaptonfolie vom Halter elektrisch isoliert. Danach wurden Golddrähte auf das Siliziumoxid aufgeklebt und die Probe mit den Kontakten auf dem Halter verbunden. Während der einzelnen Klebeschritte wurde die Probe zum Härten des Klebers mehrfach auf 150° C erhitzt. Danach wurde die Probe in die UHV-Kammer eingeschleust. Die Proben erzeugten dabei keine messbare Erhöhung des Kammerhintergrunddrucks von p $\approx 5 \cdot 10^{-10}$ mbar.

Mit kommerziellen Elektronenstrahlverdampfern der Firmen Omicron oder Oxford Applied Research wurden dünne metallische Filme aufgedampft. Die beiden aufgeklebten Kontaktgolddrähte wurden über den strukturierten Draht verbunden und hatten keinen elektrischen Kontakt zur höher liegenden Maskenoberfläche.

Diese Technik ist gut geeignet, eine große Anzahl an gleichartigen Proben schnell herzustellen, die einfach zu kontaktieren und frei von organischen Molekülen aus dem Herstellungsprozess sind. Allerdings ergibt sich aufgrund der fest auf der Probe sitzenden Masken keine Möglichkeit, die Struktur mit Rastertunnel- oder Rasterkraftmikroskopie zu untersuchen. Auch sind sicherlich Adsorbate aus der Raumluft auf der Substratoberfläche vorhanden, da die Proben erst nach dem Aufkleben der Kontakte in die Ultrahochvakuumkammer transferiert wurden. Ein Aufheizen auf knapp über 100°C in der Kammer sollte zumindest einen Teil der adsorbierten Moleküle entfernen.

2.4 Aufbau des UHV-Systems zur Probenherstellung

Als Grundlage für den Aufbau zum Präparieren und Messen der Elektromigrationsproben im Ultrahochvakuum (UHV) wurde ein Tieftemperatur-Rastertunnelmikroskopsystem (LT-RTM[3]) verwendet. Dieses System besitzt eine Präparationskammer, in die mit einer Schleuse Proben ins Ultrahochvakuum ohne weiteres Ausbacken des Systems transferiert werden können. Zum Proben- und Spitzentransfer ist ein Transferarm integriert, auf dem ein indirektes Heizelement und ein Temperatursensor sowie Kontakte für eine direkte Stromheizung (von z.B. Siliziumproben) angebracht sind. Mit einem Nadelventil können hochreine Argon-, Stickstoff-, Wasserstoff- oder Sauerstoffgase in die Kammer eingeleitet werden.

Das LT-RTM erreicht eine minimale Temperatur von ca. 3 K und ist mit Kontaktfedern in der Probenaufnahme versehen, die ein Kontaktieren von Proben über Kontaktpfosten auf der Probenplatte (s. Abbildung 2.3) und somit elektronische Transportmessungen ermöglichen. An die Analysekammer ist, der Präparationskammer gegenüberliegend, ein Split-Coil-Magnetsystem (Firma Kryovac) angeflanscht. Über einen weiteren Transferarm können die Proben dorthin transferiert werden. Dieser Transferarm ist ebenfalls mit vier Kontaktfedern ausgerüstet und kann über einen Durchflusskryostaten auf ungefähr 2,5 K abgekühlt werden.

---

[3] Firma Omicron

Um die in Kapitel 2.2 vorgestellte Maskenbedampfungstechnik in situ durchführen zu können, wurde im Zuge dieser Arbeit eine Kammer aufgebaut, die sowohl die Positionierung aller benötigten Masken- und Kontakthalter als auch das Aufdampfen der metallischen Strukturen ermöglichte. Diese Kammer ist am Zwischenstück zwischen Analyse- und Magnetkammer angebracht. Es wurden ein Metallverdampfer (EGN-CO4[4]) mit vier Verdampfungstiegeln für die Herstellung der dünnen metallischen Schichten und ein Schwingquarz, der für die Aufdampfratenbestimmung an den Probenort gefahren werden konnte, eingesetzt. Für das Lagern der Masken- und Kontakthalter war ein Translatorbalg mit vier Lagerpositionen aufgebaut worden. Über eine mechanische Hand werden sowohl die Proben vom Translatorarm der Magnetkammer in die Aufdampfkammer transferiert als auch die Masken auf die Probe aufgesetzt und die Proben dann in die Aufdampfposition gesteckt. Die Probenaufnahme ist vertikal beweglich und befindet sich am unteren Ende eines Kupferblocks. Auf der Luftseite kann der Kupferblock und somit die Probe über ein Rohr mit flüssigem Stickstoff oder Trockeneis gekühlt werden. Die Aufdampfposition ist über einen Winkel so ausgerichtet, dass ein möglichst senkrechtes Aufdampfen stattfindet. Eine andere Ausrichtung ermöglichte die Schattenbedampfung unter einem Winkel.

---

[4]Firma Oxford Applied Research

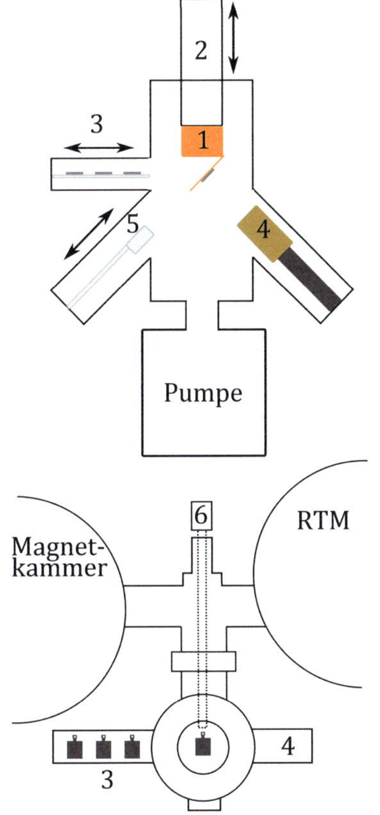

Abbildung 2.10: Ultrahochvakuumkammer zum Lagern und Aufsetzen von Masken sowie Aufdampfen von dünnen metallischen Filmen. Oben ist die Ansicht von vorne und unten die Ansicht von oben schematisch dargestellt.
(1) Kupferblock mit Probenaufnahme und eingesetzter Probe. Eine Kühlung des Blocks mit Stickstoff oder Trockeneis ist möglich. (2) Höhenverstellung der Probenaufnahme samt Kühlung. (3) Verfahrbares Probenlager. (4) Metallverdampfer (5) Schwingquarz, der direkt an den Probenort bewegt werden kann. (6) Mechanische Hand für Transfer sowie Aufsetzen von Masken- und Kontaktfederhaltern. Die Länge im Vakuum (gestrichelt) beträgt 30 cm.

3 Dünnung der Drähte mit Elektromigration

Die Elektromigration ist ein Effekt, der zum Ausfall von Leiterbahnen durch Ermüdungserscheinungen bei längerem Anlegen von Spannungen und Stromfluss führt [18]. Bei diesem Effekt findet eine Dünnung der stromleitenden Strukturen statt, bis diese schließlich unterbrochen werden, wobei die Unterbrechungen im Bereich weniger Nanometer liegen können [7]. Dieser Effekt kann ausgenutzt werden, um den ballistischen Transport bei atomaren Kontakten zu untersuchen oder um gezielt Nanokontakte für Moleküle herzustellen [19, 20].

3.1 Grundlagen der Elektromigration

Ursache der Elektromigration ist die thermisch aktivierte Bewegung von Ionen unter dem Einfluss eines elektrischen Feldes. Mit dem Elektronenfluss durch einen Draht oder eine Leiterbahn findet eine Erwärmung des Drahtes statt, was in einer höheren Mobilität der Metallionen resultiert. Das angelegte elektrische Feld bewirkt eine Kraft auf die Ionen in Richtung der Kathode. Gleichzeitig findet durch Streuung der Elektronen an den Ionen ein Impulsübertrag statt, durch den die Ionen eine Kraft in Richtung des Elektronenstroms zur Anode erfahren, den sogenannten Elektronenwind. Je nachdem, welche dieser beiden entgegengesetzten Kräfte größer ist, bewegen sich die Ionen in Richtung des angelegten Feldes E oder entgegengesetzt. Für die Ionenstromdichte j_i erhält man

$$j_i = n_i e Z^\star \mu E$$

mit der Elementarladung e, der Anzahldichte der Ionen n_i, und der temperaturabhängigen Ionenmobilität μ [21]. In $Z^\star$ sind die Beiträge durch den Impulsübertrag sowie der Kraft durch das elektrische Feld enthalten.

Diese Größe kann als effektive Ladung auf den Ionen gesehen werden, die je nach Vorzeichen in einer Ionenbewegung in Richtung oder entgegen des Elektronenstroms resultiert. Eine ausführliche Herleitung hierzu findet sich im Anhang.

Bei allen Materialien, die in dieser Arbeit verwendet wurden, fand ein Ionentransport in Richtung des Elektronenstroms statt. Bei der Elektromigration findet ein Materialtransport von den Bereichen, die eine ausreichend hohe Temperatur und somit Ionenmobilität besitzen, in kältere Bereiche statt. Dabei erfolgt dieser Transport immer in eine Richtung, so dass nur auf einer Seite des Kontakts eine Aufhäufung von Material beobachtet werden kann. Damit kann man diesen Prozess vom Aufschmelzen bzw. Durchbrennen unterscheiden, bei dem sich auf beiden Seiten des geöffneten Kontakts Materialaufhäufungen bilden. Diese Aufhäufungen sind meist kugelförmig, weil dies die Form mit der niedrigsten Oberflächenenergie darstellt.

Da Atome an Korngrenzen und der Oberfläche mobiler als innerhalb des Festkörpers sind, werden diese zuerst bewegt, wodurch es zu einer Dünnung der Leitung und einer Rissbildung entlang von Korngrenzen kommt [22, 23, 24]. Die Elektronenstreuung findet bevorzugt an Defekten statt, so dass zu Beginn des Elektromigrationsprozesses eine Entfernung von Defekten bzw. Rekristallisation der Metallmikrostruktur auftreten kann [25, 26, 27], bei der die durchschnittlichen Korngrößen anwachsen.

Im Zuge von Experimenten zur molekularen Elektronik wurden zahlreiche Methoden entwickelt, um wenige oder im Idealfall nur einzelne Moleküle zu kontaktieren [28, 29, 3]. Bei Elektromigrationsexperimenten wurde beobachtet, dass unter bestimmten Voraussetzungen Unterbrechungen von wenigen Nanometern erzeugt wurden [7, 28, 30], welche in der Größenordnung von Molekülen lagen. Um diese Unterbrechungen zu erzeugen, wird eine konstante Spannung über den Draht angelegt, der sich dann unter dem Stromfluss langsam erwärmt [30, 31, 23]. Nach einer gewissen Zeit steigt dann der Widerstand sprunghaft an und die Leiterbahn ist unterbrochen. Die durchschnittliche Zeit bis zum Öffnen des Kontakts $\langle t \rangle$ ist durch die Black-Gleichung [32] gegeben:

$$\langle t \rangle = C j^{-2} e^{\frac{E_n}{k_B T}}$$

Dabei ist C eine Materialkonstante (abhängig von Geometrie, Diffusionskonstante etc.), T die Temperatur, k_B die Boltzmannkonstante und E_n

die materialabhängige Aktivierungsenergie für die Elektromigration. Diese liegt meist im Bereich von 0,5-1 eV [33, 34, 35].

Die Spannungsabschaltung muss im Moment des Öffnens des Kontakts sehr schnell erfolgen. Bei einer konstanten, an der Struktur angelegten Spannung fällt direkt am Nanokontakt eine höhere Spannung ab, wenn dieser kleiner wird und sein Widerstand steigt. Dadurch wird eine höhere Leistung im Kontakt dissipiert (vgl. Abb. 3.2 und 3.3), wodurch sich der Kontakt rapide erhitzt. Dabei kann ein großer Bereich flüssig werden oder sogar sublimieren und der Kontakt auf einer großen Länge durchbrennen.

Obwohl die moderne Messtechnik eine solch schnelle Regelung ermöglicht [30], gibt es eine andere Methode, um den Kontakt kontrollierter zu dünnen: die regelkreisgesteuerte, kontrollierte Elektromigration [6, 36]. Ein Vorteil dieser Technik ist, dass vergleichbar zu Bruchkontaktexperimenten [37, 38, 39], kurz vor dem Öffnen des Kontakts Eigenschaften der atomistischen Struktur des verwendeten Metalls in Form von Leitwertquantisierung beobachtet werden können [40, 41]. Dies ist beim Dünnen durch Anlegen einer konstanten Spannung nicht möglich.

In der vorliegenden Arbeit wurde ausschließlich diese Technik verwendet. Sie soll nun im Folgenden ausführlich erklärt werden.

3.2 Anwendung der Elektromigration auf Nanodrähte

Um die kontrollierte Elektromigration durchzuführen, wurde in der Arbeitsgruppe ein Messprogramm entwickelt, das eine Dünnung durch Elektromigration von dünnen metallischen Nanobrücken ermöglicht. Die Nanobrücken wurden wie in Kapitel 2 beschrieben hergestellt. Durch diesen langsamen, sukzessiven Dünnungsprozess ist es möglich, in den Bereich ballistischen Transports zu gelangen und dort Leitwertquantisierung zu beobachten. Hierzu wird zunächst bei einem Startwert U_0 der Widerstand R_0 bestimmt. Dann wird die Spannung U schrittweise alle 100 ms um typischerweise 1 mV erhöht und der Strom I sowie der Widerstand R und die Leistung P werden bestimmt. Nach jedem Schritt wird die prozentuale Änderung des aktuellen Widerstandes zu R_0 bestimmt. Sobald diese Änderung einen fest gewählten Wert α = 1-10% übersteigt, wird die Spannung soweit zurückgefahren, dass nur noch 20% der Leistung an der Struktur anliegt. Danach startet ein neuer Zyklus nach gleichem Vorgehen mit einem neu bestimmten U_0 und R_0. Als Ausgabe werden die Spannungs-, Strom- und Widerstandswerte in ihrer Messreihenfolge sowie die R_0-Werte der jeweiligen Zyklen abgespeichert.

Im Verlauf der Arbeit wurden an diesem Programm einige Änderungen eingeführt, die sowohl die Datenausgabe als auch die Kontrolle über den Elektromigrationsprozess verbesserten. Es hat sich gezeigt, dass das Kriterium α für einen Zyklusneustart nicht über den gesamten Bereich fest gewählt werden kann. Da dieses Kriterium immer eine prozentuale Änderung angibt, werden mit dem Ansteigen von R_0 die erlaubten Widerstandserhöhungen immer größer, so dass die Sprünge zwischen den Zyklen zu hohen R_0 ebenfalls immer größer werden. Dies kann in einem unkontrollierten Migrieren oder sogar Durchbrennen der Probe resultieren. Um die Sprünge zwischen den Zyklen besser zu kontrollieren, wurde als weiteres Kriterium für den Zyklusneustart die konstante Widerstandsänderung ΔR von R_0 mit Werten von typischerweise 5-100 Ω implementiert, die sich nicht mit dem Anstieg von R_0 ändert.

Aufgrund von Rekristallisation der Probe und anderen Effekten (s. Kapitel 4.4) ist nicht nur ein Anstieg des Widerstandes durch Joulesche Wärme und Elektromigration, sondern auch ein Abfall möglich. Damit nach einem langen Abfall kein unkontrollierter, schneller Anstieg mit Zerstörung der Probe erfolgt, wurde der Parameter β als prozentuale negative Abweichung von R_0 zum Schutz der Probe eingebaut. Die Bestimmung von R_0 wurde so geändert, dass alternativ zum Anfangswert auch eine gleitende Mittelwertsbestimmung aus den zuletzt gemessenen Widerstandswerten erfolgt und mit den Zyklusabbruchbedingungen verglichen wird. Um den Migrationsprozess bei Erreichen bestimmter Leitwerte G zu stoppen, wurde ein Abbruchkriterium angelegt, das bei den eingegebenen Leitwerten in ganzzahligen Vielfachen des Leitwertquants $G_0 = 1/(12900\,\Omega)$ das gesamte Programm stoppt. Außerdem wurde eine Möglichkeit zum Vertauschen der Polarität und zur Umkehr der Messrichtung implementiert. Hiermit kann nun die Spannung sukzessive zu kleineren Werten hin verringert werden, um mögliche Heizeffekte und Messrichtungseinflüsse zu untersuchen.

3.3 Elektrische Kontrolle der Elektromigration

Ein Beispiel für den Beginn der Elektromigrationsmessungen ist in Abbildung 3.1 gezeigt. Die Messung beginnt auf der untersten Kurve. Die Spannung wird erhöht, bis eine Erhöhung des Widerstands auftritt. Sobald eine Widerstandsänderung von 4 % gegenüber dem Anfangswert erfolgt, wird die Spannung so zurückgefahren, dass nur noch 20 % der Leistung in der Brücke deponiert werden, und ein neuer Zyklus mit einem höheren Anfangswiderstand beginnt. Betrachtet man die Spannungen am Ende eines jeden Zyklus, so sieht man, dass diese sich zu Beginn zu kleineren Werten hin verschieben.

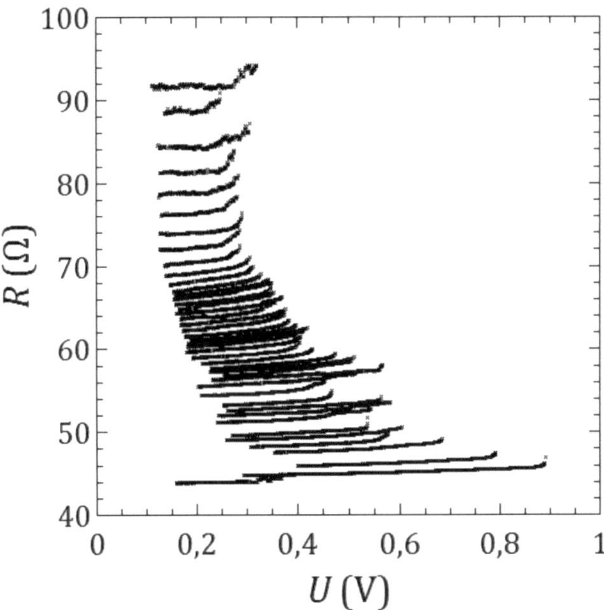

Abbildung 3.1: Elektromigration einer 25 nm dicken Goldbrücke, die durch Maskenbedampfung mit einer unterätzten Siliziumnitridmaske auf einem Siliziumchip mit einer 400 nm Oxidschicht aufgedampft wurde.

Dieses Verhalten kann man erklären, wenn nicht allein der Nanokontakt die elektronischen Eigenschaften des Aufbaus bestimmt. Betrachtet man eine Nanobrücke, die durch Elektromigration ausgedünnt wird, so kann

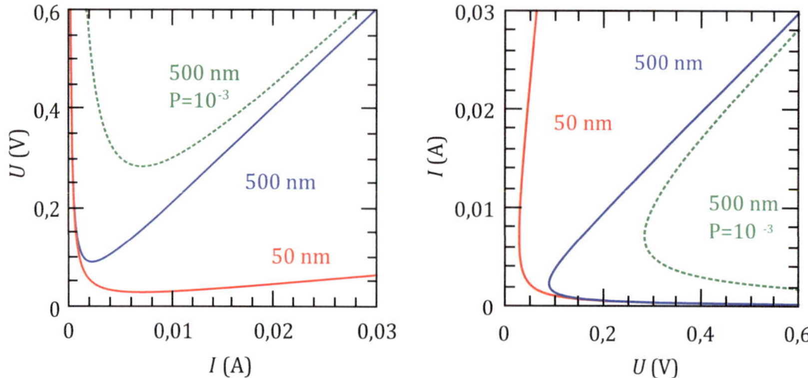

Abbildung 3.2: Schemazeichnung für zwei unterschiedliche Drahtlängen. Die Linien entsprechen Formel 3.1 mit einer konstanten, im Kontakt deponierten Leistung von 10^{-4} W (blaue und rote Kurve). Es wurde außerdem eine Kurve mit einer höhreren Leistung von 10^{-3} W (grün) für den 500 nm langen Draht aufgetragen. Dieser Bereich liegt rechts der Kurven mit niedriger Leistung in der $I(U)$-Auftragung.

man diese durch einen Widerstand des Kontakts R_C und einen dazu in Reihe geschalteten Widerstand der Nanobrücke bzw. der Zuleitungen R_L beschreiben. Während des Dünnungsprozesses ändert sich R_C und R_L bleibt konstant.

Die angelegte Spannung fällt gemäß

$$U = U_C + U_L$$

am Kontakt (U_C) und den Zuleitungen (U_L), bzw. an der Nanobrücke, ab. Die Leistung, die am Ende jedes Zyklus im Kontakt für die Elektromigration benötigt wird, ist über

$$P^\star = U_C I$$

gegeben. Dabei wird davon ausgegangen, dass die Bewegung der Ionen immer bei der gleichen Leistung, die im Kontakt dissipiert wird, einsetzt. Somit sollten die Endpunkte jedes Zyklus auf einer Kurve mit konstanter Leistung $P^\star$ liegen.

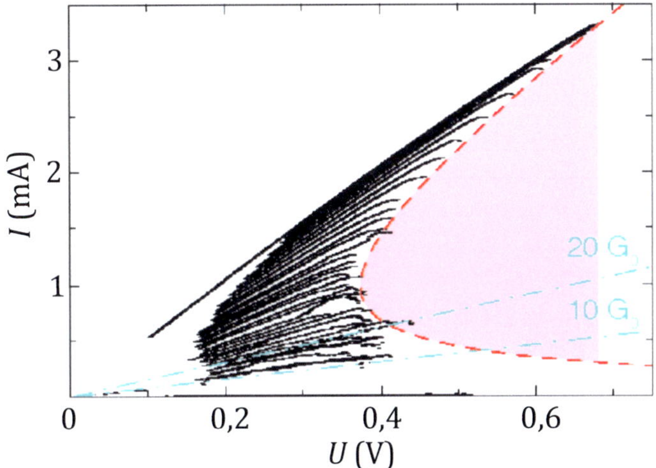

Abbildung 3.3: Elektromigration einer Goldbrücke mit einer Länge von 300 nm, Breite 80 nm und Dicke 20 nm an Luft. Die Zyklen der Messung (schwarz) enden auf einer Kurve mit konstanter Leistung ($P^\star = 1{,}8 \times 10^{-4}$ W; rote Kurve). Der Bereich höherer Leistung liegt rechts davon (rosa). Mit blauen Linien sind die Leitwerte von 1, 10 und 20 G_0 eingezeichnet.

Mit der Annahme, dass der Zuleitungswiderstand R_L keiner Änderung unterworfen ist, lässt sich die Stromabhängigkeit der Spannung schreiben als:

$$U(I) = \frac{P^\star}{I} + U_L(I) = \frac{P^\star}{I} + R_L I \qquad (3.1)$$

In Abbildung 3.2 sind theoretisch bestimmte Kurven mit einer konstanten Leistung $P^\star = 10^{-4}$ W, einer Querschnittsfläche von 25×50 nm^2, dem spezifischen Widerstand von Gold $\rho_{Au} = 2{,}2 \times 10^{-8}$ Ωm und Drahtlängen von 50 und 500 nm aufgetragen. Außerdem wurde eine Kurve mit einer höheren konstanten Leistung von $P^\star = 10^{-3}$ W für den 500 nm langen Draht aufgetragen.

Wird nun wie bei [30] die an der Nanobrücke angelegte Spannung erhöht, erreicht man schließlich den Bereich, in dem die dissipierte Leistung im Kontakt eine Ionenbewegung und somit Elektromigration erlaubt. Dabei erhöht sich der Widerstand und der Strom wird kleiner.

Reduziert man die Spannung nicht, gelangt der Kontakt in den Bereich mit einer wesentlich höheren Leistung, das zum Aufschmelzen und der unkontrollierten Öffnung des Kontakts führt. Unter Verwendung kürzerer Strukturen reduziert sich dieses Risiko [31]. Bei konstanter Spannung bleibt man bei Erhöhung des Widerstands nahe an der 50nm-Kurve in Abbildung 3.2, so dass die Leistung im Nanokontakt nicht so stark erhöht wird, wie dies bei der Kurve für den Draht mit 500 nm Länge der Fall ist.

Es wurde bereits bei anderen Messungen beobachtet, dass die Endpunkte der Zyklen, bei denen die Elektromigration einsetzt, auf solchen Kurven konstanter Leistung liegen [42] (siehe Abbildung 3.3). Im Bereich rechts der Kurve (rosa im Bild) ist die deponierte Leistung im Kontakt höher, während sie auf der linken Seite niedriger als die Leistung ist, die zur Elektromigration benötigt wird.

Im Verlauf dieser Arbeit wurde deshalb ausschließlich die kontrollierte Elektromigration angewendet, bei der die einzelnen Zyklen immer bei Erreichen der Migrationstemperatur neu gestartet wurden, und somit die Leistungskurve sukzessive abgefahren werden konnte. Ein weiterer großer Vorteil dieser Methode ist, dass parallel zum Migrationsprozess Leitwerte gemessen werden können, die einen Aufschluss über die elektronischen Transporteigenschaften des verwendeten Materials geben können.

4 UHV-Elektromigration und Rastersondenabbildung

Um immer höhere Strukturdichten auf Computerchips zu erreichen, wurden die Größen der Strukturen immer weiter verkleinert, was dazu führt, dass bald die untere Nanometerskala erreicht sein wird. Eine weitere Miniaturisierung wird mit den momentan verwendeten Techniken in Zukunft nicht mehr realisierbar sein, so dass viele Forschergruppen an Alternativen arbeiten.

Ein Ansatz ist die sogenannte molekulare Elektronik [2]. Dabei müssen, um die Transistoreigenschaften untersuchen zu können, notwendigerweise drei Kontakte mit den richtigen Dimensionen im Nanometerbereich mit einem einzelnen Molekül verbunden werden [28, 24]. Es hat sich gezeigt, dass Bruchkontakte [43, 44] oder kontrollierte Elektromigration [30] geeignete Techniken sind, um solche Nanokontakte herzustellen.

Die Elektromigration hat vor allem für die Untersuchung der erzeugten Strukturen einige Vorteile. Es können gleichzeitig mehrere Strukturen auf einen Chip aufgebracht werden, welches speziell für die Computerindustrie von Interesse ist. Vor allem aber sind die Strukturen planar auf einem Chip aufgebracht und sind somit zugänglich zur Charakterisierung mit Rastersondenmikroskopietechniken, was für die Erforschung der Morphologie und physikalischen Eigenschaften von besonderer Bedeutung ist. Durch eine Vierpunktmessung [42], Verkürzung der Kontakte [31] oder Kontrolle der Temperatur an den Nanobrücken [6, 36] ist es möglich, den Elektromigrationsprozess verlässlicher und reproduzierbarer zu machen.

Die elektronischen Eigenschaften der Nanokontakte wurden bisher an Luft gemessen [6], während die strukturellen Eigenschaften sowohl mit Rasterelektronen- als auch mit Transmissionselektronenmikroskopie (TEM) [45, 46, 47] untersucht wurden. Im Vergleich dazu bieten Rastersondenmessungen neben einer Vielzahl an Mess- und Präparationsumgebungen (tiefe Temperaturen, Ultrahochvakuum) die Möglichkeit, durch Anlegen einer Spannung an die Messspitze eine bewegliche, lokale Gate-

Elektrode über der Nanostruktur zu positionieren. Dies ist zum Beispiel bei der Untersuchung von Coulomb-Blockade in Halbleiterquantenpunkten interessant [48].

Sollen Moleküle auf Oberflächen untersucht werden, so ist es wichtig, Einflüsse durch Kontaminationen und Adsorbaten aus dem Herstellungsprozess und der Umgebung auf den Oberflächen zu vermeiden. Dies ist durch Präparation und Messung im Ultrahochvakuum mit einem Hintergrunddruck $p < 10^{-9}$ mbar möglich.

4.1 Rastertunnelmikroskopie an Nanodrähten

4.1.1 Grundlagen

Die Entwicklung des Rastertunnelmikroskops (RTM) durch Gerd Binnig und Heinrich Rohrer 1981 [4] lieferte für die Untersuchungen von metallischen und halbleitenden Oberflächen ein Gerät mit echter atomarer Auflösung, welches 1986 mit dem Nobelpreis in Physik ausgezeichnet wurde. Während bisher Streuexperimente nur globale Information, wie zum Beispiel die Gitterkonstanten, lieferten und die Rasterelektronenmikroskopie nur Auflösungen von mehreren Nanometern erreichte [49, 50], konnten mit dem Rastertunnelmikroskop atomare Strukturen lokal aufgelöst werden. Dies war zwar auch mit dem Transmissionselektronenmikroskop gelungen [51, 52], man war allerdings beschränkt auf dünne Filme, die mit hoch-energetischen Elektronen durchschossen werden, wobei Defekte im Material erzeugt werden können.

Das Rastertunnelmikroskop als Weiterentwicklung des Feldemissionsmikroskops [53, 54] kann dahingegen auf allen leitenden oder halbleitenden Oberflächen nicht-invasiv eingesetzt werden. Es bildet die lokalen elektronischen Zustandsdichten ab, aus denen Rückschlüsse auf die topographischen Gegebenheiten und atomaren Konfigurationen gezogen werden können. Des Weiteren können aus Strom-Spannungskennlinien die Zustandsdichten lokal bestimmt und damit Anregungen und Oberflächenzustände gemessen werden [55, 56].

Die Grundlage für dieses Mikroskop bildet der quantenmechanische Tunneleffekt, der es Elektronen ermöglicht, eine Potentialbarriere zwischen zwei Elektroden zu überwinden, was klassisch nicht erlaubt ist. Der Tunnelstrom ist exponentiell abhängig vom Abstand der beiden Elektroden.

Der Abstand liegt im Bereich einiger Ångström, wo die Wellenfunktionen der Elektronenzustände in beiden Elektroden gerade überlappen. Diese Abstandsabhängigkeit wird ausgenutzt, um den Tunnelstrom zwischen einer metallischen Spitze (meist Au, Pt oder W) und der Probenoberfläche bei Anlegen einer Tunnelgleichspannung U_T zu messen. Der Tunnelstrom I_T ist proportional zur Faltung der Zustandsdichten von Spitze ρ_S und Probe ρ_P sowie dem Quadrat des Tunnelmatrixelements M [57]:

$$I_T \propto \int_0^{eU_T} \rho_P(E_F - eU_T + \varepsilon)\rho_S(E_F + \varepsilon)|M|^2 d\varepsilon \qquad (4.1)$$

Über einen Regelkreis wird durch Spannungsvariation an einem Piezokristall, auf dem Spitze oder Probe sitzen, der Abstand und somit der Tunnelstrom während des Rasterns der Oberfläche konstant gehalten. Die am Piezo angelegte Spannung wird auf eine räumliche Bewegung der Spitze umgerechnet, wodurch ein Bild der Oberfläche erzeugt wird. Eine genauere Beschreibung des Rastertunnelmikroskops findet sich in [57, 58].

Für die RTM-Messungen wurde ein kommerzielles Tieftemperaturrastertunnelmikroskop (Omicron) in einer Ultrahochvakuumkammer ($p < 5 \cdot 10^{-10}$ mbar) verwendet. Die Tunnelgleichspannung wurde bei diesem Aufbau an der Probe angelegt. An der Probenaufnahme waren vier Kontaktspangen vorhanden, über die mit speziellen Probenhaltern, die auch in dieser Arbeit verwendet wurden, Kontaktmöglichkeiten für elektronische Transportmessungen gegeben waren. Als Regelelektronik wurde eine kommerzielle Messelektronik (Nanonis) mit einem rauscharmen Vorverstärker[1] verwendet.

Um Nanostrukturen abzubilden, die nicht flach auf der Oberfläche liegen, sondern eine Höhe von einigen Nanometern haben, ist es erforderlich, dass der vorderste Bereich der RTM-Spitze schmal genug ist, um in die Zwischenbereiche der Nanostrukturen zu gelangen.

Die in dieser Arbeit vermessenen Nanobrücken überspannten Gräben mit einer Breite von 200 nm und einer Tiefe von bis zu 30 nm. Aus diesem Grund mussten die Spitzen einen Durchmesser über eine entsprechende Länge von weit unter 200 nm aufweisen. Der zunächst verwendete Ätzanlageneigenbau konnte diese Spezifikationen nicht erreichen und auch

---

[1]Firma Femto

Abbildung 4.1: links: RTM-Bild einer Goldnanobrücke (U_T=10 V, I_T=0,5 nA). Im dunklen Bereich des Grabens sind in der Nähe der Kanten Artefakte der Spitzenausdehnung als zum Graben parallele Linien zu sehen.
rechts: REM-Bild mit 10 keV Beschleunigungsspannung einer vergleichbaren Nanobrücke, die zuvor mit Rastertunnelmikroskopie untersucht wurde. Die Bereiche, in denen die RTM-Aufnahmen gemacht wurden, zeigen einen dunkleren Kontrast als die umgebenden Probenteile. Das um 45° gedrehte Messfenster direkt über der Brücke sowie die einzelnen Rasterlinien, die zum Annähern an die Brücke aufgenommen wurden, können als dunkle Striche beobachtet werden.

gekaufte Spitzen[2] waren nicht gut genug, weshalb eine kommerzielle Spitzenätzanlage (Omicron) gekauft wurde. Die damit hergestellten Spitzen ermöglichten ein Abbilden der Strukturen mit dem RTM (vgl. Abb. 4.1 links). Der Herstellungsprozess der RTM-Spitzen ist ausführlich im Anhang erklärt.

Mit diesen Spitzen wurden RTM-Aufnahmen an durch Elektronenstrahllithografie hergestellten Nanostrukturen durchgeführt. Die Proben waren wie in Abbildung 2.2 gezeigt hergestellt worden. Normalerweise ist es wegen der schwierigen optischen Zugangsmöglichkeiten in Ultrahochvakuumanlagen nicht möglich, solch kleine Strukturen zu finden und darauf die Spitze des RTMs zu positionieren. Aufgrund der speziellen Probenstruktur konnte jedoch die RTM-Spitze mit einem Stereomikroskop bis auf ca. 100 μm an die Nanobrücke angenähert werden. Durch Rotation

---

[2]www.kentax.de

der Rasterzeilen senkrecht zu den Kanten der Strukturen war es möglich, sich entlang der Strukturkanten durch Grobschritte von 1 μm zu der Nanobrücke, die die beiden im Mikroskop sichtbaren Kontaktelektroden überbrückt, anzunähern.

Da die Nachregelung des Spitzenabstandes bei Rasterzeilen senkrecht zu scharfen Kanten mit Höhen von bis zu 30 nm in Rasterfenstern mit Größen von 1 × 1 μm^2 problematisch ist, wurden die Rasterzeilen unter einem Winkel von 45° zu den Kanten aufgenommen (s. Abbildung 4.1 rechts). Dadurch wurde eine wesentlich stabilere Spitzennachführung und gleichzeitig eine moderate Rastergeschwindigkeit ermöglicht. Im Verlauf der Messungen hatte sich gezeigt, dass sich die Strukturen mit der Anzahl der Messungen veränderten. Rasterelektronenaufnahmen der Bereiche, in denen RTM-Bilder gemacht wurden, zeigten einen dunkleren Kontrast von zuvor durch RTM gerasterten Bereichen gegenüber dem Rest der Probenoberfläche, wie in Abbildung 4.1 rechts exemplarisch gezeigt ist. Auf diese dunkleren Bereiche, die bei Rastertunnelmikroskopmessungen entstehen, soll nun genauer eingegangen werden.

4.1.2 Kohlenstoffabscheidungen durch RTM

Eine gebräuchliche Technik, um Strukturen mit Dimensionen von einigen Mikrometern bis zu wenigen Nanometern zu strukturieren, ist die bereits in Kapitel 2.1 eingeführte Elektronenstrahllithografie (ESL). Typischerweise werden Proben, soweit dies die Probenstruktur ermöglicht, im Ultrahochvakuum mit Direktheizung [59], Argonsputtern oder Resistivheizen [60] gereinigt, bevor man sie mit oberflächensensitiven Rastersondenmethoden untersucht, um Messartefakte aufgrund von Verunreinigungen auf der Oberfläche zu vermeiden. Allerdings werden an mit Elektronenstrahllithografie hergestellten und nur mit Lösungsmitteln gereinigten, metallischen Nanostrukturen auch elektronische Transportmessungen bei Atmosphärendruck durchgeführt.

Es ist allgemein bekannt, dass bei Rasterelektronenmessungen infolge der Anwesenheit von Kohlenwasserstoffmolekülen im Restgas Kohlenstoff auf der Probenoberfläche abgelagert wird [61, 62]. Dieser Effekt kann unter anderem als sogenannte Elektronenstrahlkontaminierungslithografie (engl. „e-beam contamination lithographie") Anwendung finden [63].

Auch das Rastertunnelmikroskop kann verwendet werden, um Gasmoleküle zu dissoziieren und dünne Schichten abzuscheiden [64]. So wurde beobachtet, dass der Elektronenstrom in Rastertunnelmessungen Öldämpfe dissoziiert und Kohlenstoff auf Goldfilmen unter Ultrahochvakuumbedingungen ablagert [65].

Im Folgenden wird gezeigt, dass Rastertunnelmessungen im Ultrahochvakuum an Proben mit Strukturen aus Platin oder Gold auf nativ oxidiertem Silizium, die mit Elektronenstrahllithografie hergestellt und mit Lösungsmitteln gereinigt wurden, Ablagerungen erzeugen, die vermutlich im Wesentlichen aus Kohlenstoff bestehen. Eine mögliche Erklärung für den Ursprung dieser Ablagerungen ist das Aufbrechen der chemischen Bindungen von organischen Molekülen, die vom Lithografie- und Reinigungsprozess auf der Oberfläche vorhanden sind. Dies wurde von Ehrichs et al. [66] bereits bei der Untersuchung der Dissoziation von organometallischen Gasen im Hochvakuum ($p < 10^{-8}$ mbar) mittels einer gepulsten Rastertunnelmikroskoptechnik beobachtet und als Kontaminierungsphotolack (engl. „contamination resist") bezeichnet.

Im Rahmen der hier vorgestellten Arbeit wurde eine systematische Untersuchung dieser abgeschiedenen Schichten mit REM und STM durchgeführt. Die Schichtdicke ist abhängig von der Anzahl der Topografiemessungen und der angelegten Tunnelspannung. Die dickste Schicht von bis zu 10 nm wurde nach fünf aufeinanderfolgenden RTM-Messungen beobachtet.

Als Substrat wurde Si(100) mit einer nativen Oxidschicht verwendet, auf die eine Polymethylmethacrylat (PMMA)-Fotolackschicht aufgebracht wurde. Um die metallischen Kontaktflächen und Drähte auf der Oberfläche zu erzeugen, wurden zunächst Strukturen mit lateralen Abmessungen von ca. 50 nm bis 100 μm unter Verwendung eines kommerziellen REM (Zeiss) und Elektronenstrahllithografiesystems (Raith) geschrieben. Dann wurde die Probe mit Methylisobutylketon (MIBK) entwickelt und der Entwicklungsprozess mit Isopropanol gestoppt. Die so behandelte, strukturierte Probe wurde dann mit einer metallischen Schicht aus Gold oder Platin mit einer Schichtdicke von circa 20 nm mittels Elektronenstrahlverdampfung in einer Hochvakuumaufdampfanlage ($p < 1 \cdot 10^{-8}$ mbar) bedampft. Zum Entfernen des unbelichteten PMMAs und der darauf bedampften Metallflächen („lift-off") wurde die Probe für 5 Minuten in Aceton getaucht, welches bis knapp unter den Verdampfungspunkt erhitzt wurde. Diese Abfolge von Prozessschritten entspricht einem weit verbreiteten Verfahren zur Herstellung von metallischen Nanostrukturen auf Silizium.

Zwischen Elektronenstrahlschreiben, Bedampfen und lift-off wurde die Probe mehrere Tage an Atmosphäre gelagert. Um die metallischen Strukturen auf der Probe für die RTM-Messungen zu kontaktieren, wurden dünne Golddrähte mit leitfähigem, ultrahochvakuumtauglichem Kleber (H20E der Firma EpoTek) aufgeklebt. Die Klebepunkte waren ungefähr 1 mm von dem Bereich der RTM-Messungen entfernt aufgebracht worden.

Danach wurden die Proben in die RTM-Anlage mit einem Hintergrunddruck $p < 5 \cdot 10^{-10}$ mbar transferiert. Um die erzeugten empfindlichen Nanostrukturen nicht zu zerstören, wurden keine weiteren Behandlungen im Ultrahochvakuum durchgeführt. Für die Messungen wurden elektrochemisch geätzte Wolframspitzen verwendet, die zusätzlich im Ultrahochvakuum mit Argonsputtern und Elektronenstrahlheizen gereinigt wurden. Diese frisch präparierten Spitzen wurden dann auf dem metallischen Bereich der Probe angenähert. Für die RTM-Messungen wurde eine kommerzielle Elektronik[3] mit einem angeschlossenen rauscharmen Vorverstärker[4] verwendet. Die Messungen wurden alle bei Raumtemperatur durchgeführt.

Trotz der einige Nanometer dicken Oxidschicht [10] auf dem Siliziumsubstrat war es sogar auf den Bereichen ohne metallische Deckschicht möglich, RTM-Messungen durchzuführen. Auf den metallischen Flächen wurden Messungen mit Tunnelspannungen U_T zwischen 4 V und 10 V, sowie Tunnelströmen I_T von 0,1 nA bis 0,8 nA und Rastergeschwindigkeiten von bis zu 500 nm s^{-1} gemacht. Nur positive, an der Probe angelegte Tunnelspannungen erlaubten stabile Topografiemessungen. Auf dem Siliziumoxid war es notwendig, Tunnelspannungen $\geq$ 8 V anzulegen, um durch die Oxidschicht tunneln zu können und gleichzeitig ein Zerstören der Spitze durch Eindringen in die Oberfläche zu vermeiden. Während des Rasterns konnten ständig kurze Stromspitzen von 10 nA, dem Sättigungsstrom des Vorverstärkers, beobachtet werden. Diese entstehen durch die Anwesenheit von auf der Oberfläche übriggebliebenen, mobilen Kohlenwasserstoffmolekülen, die sich leicht durch die RTM-Spitze bei der Messung aufsammeln lassen. Obwohl die Probe nach dem Herstellungsprozess intensiv mit Aceton gereinigt wurde, ist es sehr wahrscheinlich, dass immer noch Reste organischer Moleküle auf der Probenoberfläche vorhanden waren.

---

[3] Firma Nanonis
[4] Firma Femto

Für Tunnelströme I_T größer als 0,8 nA war es nicht möglich, die Spitze mit dem Stromregelkreis, welcher sonst den Spitzen-Probenabstand und damit den Tunnelstrom konstant hält, zu stabilisieren. Nach einigen Rastertunnelmikroskopmessungen auf der gleichen Stelle konnte eine Ausbildung von Hügeln in der Topographie beobachtet werden.

Zur genaueren Untersuchung des aufgehäuften Materials und des Prozesses mit dem Rasterelektronenmikroskop wurden mehrere RTM-Bilder auf den metallischen Strukturen aufgenommen. Aufgrund der speziellen Strukturierung der aufgedampften Bereiche waren diese eindeutig festgelegt und wurden später im REM wiedergefunden.

Zunächst wurde ein Bereich von 100×100 nm^2 fünfmal mit $U_T = 10$ V und $I_T = 0,5$ nA gemessen. Dann wurde um den gleichen Mittelpunkt ein größeres Messfenster mit 500×500 nm^2 und $U_T = 8$ V sowie $I_T = 0,1$ nA aufgenommen, welches das zuvor gemessene kleinere Fenster beinhaltete. Der Hügel in diesem Bild weist eine maximale Höhe von 10 nm (Abb. 4.2 a) und, verglichen mit den 0,5 nm der aufgedampften Metalloberfläche, eine erhöhte Oberflächenrauhigkeit von maximal 1,5 nm auf. Während der Messung wurden Stromspitzen von bis zu 10 nA, dem Sättigungsstrom des Vorverstärkers, innerhalb der 2 ms Integrationszeit pro Pixel bzw. nm beobachtet. Das mit einem Medianfilter (5×5 nm^2) gemittelte Tunnelstrombild ist in Abb. 4.2 b dargestellt, in dem die Stromspitzen als kleine weiße Punkte zu erkennen sind. Die größeren weißen Strukturen sind auf die polykristalline granulare Struktur des Platinfilms zurückzuführen (vgl. Abb. 4.3).

Es wurden über das gesamte Bild verteilt scharfe Spitzen im Tunnelstrom beobachtet, bis auf den Bereich, in dem die 100×100 nm^2 Messfelder aufgenommen wurden (gepunktetes Quadrat im Bild). In diesem Gebiet konnte der Tunnelstrom mit einem geringeren Rauschlevel durch den Regelkreis auf den eingestellten Sollwert von 0,1 nA stabilisiert werden. Genauer ist dies an den exemplarischen Linienprofilen zu erkennen (Abb. 4.2 c), die entlang der gestrichelten Linien in Abb. 4.2 b aufgenommen wurden.

Ein Kontrollexperiment, das mit den gleichen Parametern und Bildgrößen auf einer aufgedampften Goldprobe auf Silizium durchgeführt wurde, zeigte keine Ablagerungen und außerdem ein kleineres Rauschlevel mit Stromspitzen unterhalb von 1 nA, verglichen mit den 10 nA Stromspitzen der mit Elektronenstrahllithografie hergestellten Probe.

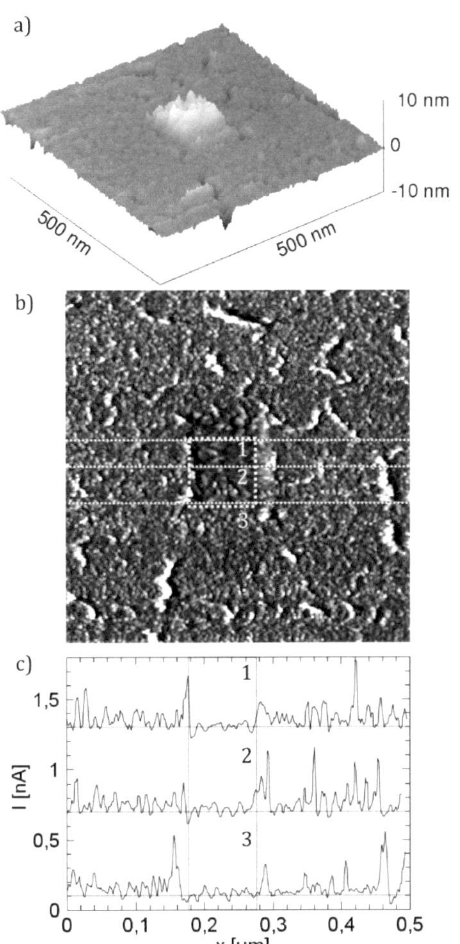

Abbildung 4.2: a) RTM-Topografiebild einer Platinschicht auf Siliziumsubstrat (U_T = 8 V, I_T = 0,1 nA, 500 × 500 nm^2). Der quadratische Hügel in der Mitte des Bildes wurde zuvor fünfmal mit U_T = 10 V, I_T = 0,5 nA und einer Bildgröße von 100 × 100 nm^2 gerastert. b) Tunnelstrombild des gleichen Bereichs. Das Bild wurde mit einem Medianfilter (5 × 5 nm^2) gemittelt. Der Hügel aus dem Topografiebild a) ist im gepunkteten Quadrat markiert. Die hellen Strukturen korrespondieren zu Korngrenzen im metallischen Film, wie auch in Abbildung 4.3 erkennbar ist. c) Drei beispielhafte Linienprofile, die entlang der weiß gestrichelten Linien im Tunnelstrombild aufgenommen wurden. Die Linien sind jeweils um 0,6 nA zueinander verschoben. Im Bereich des Ablagerungshügels (schraffierter Bereich) sind die Abweichungen vom eingestellten Sollwert I_T = 0,1 nA (horizontale Linien in den Linienprofilen) signifikant kleiner.

Nach den RTM-Messungen wurde die Probe innerhalb von zwei Stunden aus der Ultrahochvakuumkammer des Rastertunnelmikroskops in das REM transferiert. Aufgrund der speziellen Geometrie der aufgedampften Strukturen war es mit dem REM möglich, die mit dem RTM gemessenen Stellen wiederzufinden, eindeutig zuzuordnen und miteinander zu vergleichen. Die mit dem RTM gerasterten Bereiche erscheinen als Regionen mit einer verringerten Helligkeit in den REM-Aufnahmen. Der 500 × 500 nm^2 RTM-Bildbereich kann als etwas dunkleres Gebiet mit einem noch dunkleren Quadrat in der Mitte, in dem die fünf aufeinanderfolgen-

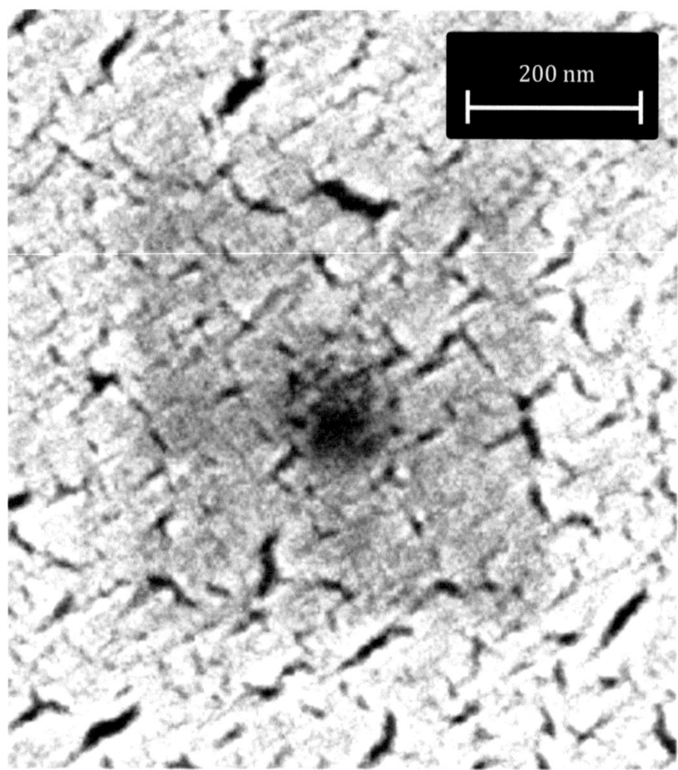

Abbildung 4.3: REM-Bild derselben Probe, die zuvor mit RTM gemessen wurde (vgl. Bild in Abb. 4.2). Die dunklere Region entspricht der RTM-Bildgröße bis auf 6%. Die Strukturen im Metallfilm resultieren aus dem polykristallinen Wachstum von Pt auf SiO_x. Die dunklen Risse im REM-Bild entsprechen den hellen Strukturen im Tunnelstrombild Abb. 4.2 b)

den 100×100 nm^2 Felder gerastert wurden, identifiziert werden (Abb. 4.3). Die Größe dieser dunkleren Bereiche entspricht den ursprünglichen RTM-Rastergrößen. Eine Veränderung der Beschleunigungsspannungen des REM (1, 3 und 10 keV) bewirkte keine Kontraständerung in den Aufnahmen.

Eine mögliche Ursache für die beobachteten Effekte könnte Material sein, das von der Spitze zur Probe [67] oder umgekehrt transferiert wird. Aus den in Kapitel 3 beschriebenen Elektromigrationsexperimenten kann geschlossen werden, dass die für die Regelkreissteuerung verwendeten Spannungen und gemessenen Ströme eine nicht ausreichende Leistung für den Elektromigrationsprozess liefern. Wäre Materialtransfer von der Probe zur Spitze der Ursprung der Hügel, müssten Vertiefungen und nicht die beobachteten Aufhäufungen entstehen. Es ist möglich, dass bei Rastertunnelmikroskopiemessungen, aufgrund von lokal verringerten Austrittsarbeiten, topografische Vertiefungen als Erhebungen und umgekehrt erscheinen. Diese Möglichkeit ist jedoch ausgeschlossen, da die Ablagerungen ebenfalls auf den Teilen der Probe beobachtet wurden, die nur mit nativem SiO_X bedeckt waren und eine ähnliche Morphologie aufwiesen, wie auf den metallbedeckten Bereichen.

Für den Fall, dass Spitzenmaterial zur Probe transportiert wurde, sollte Wolfram von der Spitze auf der Probenoberfläche mittels energiedispersiver Röntgenspektroskopie (engl. energy dispersive X-ray spectroscopy, kurz EDX) detektierbar sein. Um diese Hypothese zu überprüfen, wurden große Regionen mit Ablagerungen auf dem Siliziumdioxid mit $U_T =$ 10 V und $I_T = 0{,}5$ nA hergestellt. Es wurden jeweils drei mit dem Piezoscanner lateral verschobene Rasterbereiche mit 1500×1500 nm^2 aufgenommen. Im REM-Bild konnten Ablagerungen, die ein ähnliches Aussehen wie die zuvor abgeschiedenen Strukturen aufwiesen, auf dem Siliziumdioxid beobachtet werden. Mit diesem Experiment konnte somit gleichzeitig die Möglichkeit der Metalloxiderzeugung und -anhäufung durch Dissoziation der Wasserschicht ausgeschlossen werden. Die EDX-Messungen in diesen Bereichen zeigten kein metallisches Signal, weder von Wolfram der Spitze noch von Platin der metallischen Probenstrukturen. Daraus lässt sich schließen, dass der Ursprung der Ablagerungen nur in nichtmetallischen Resten des Herstellungsprozesses zu finden ist.

Typische Bindungsenergien in organischen Molekülen liegen im Bereich von einigen eV. Es ist deshalb mit hohen Tunnelspannungen von einigen eV und Elektronentransport durch das Molekül möglich, diese zu dissoziieren. Zur Überprüfung dieser Möglichkeit wurden die Abhängigkeiten des Depositionsprozesses von den Messparametern für die RTM-Aufnahmen analysiert.

In den REM-Bildern wurden keine signifikanten Unterschiede für RTM-Aufnahmen mit einer festen Tunnelspannung $U_T = 9$ V und Tunnelströmen I_T von 0,1; 0,2; 0,4 und 0,5 nA festgestellt. Daraufhin wurden RTM-Bilder mit festem Regeltunnelstrom $I_T = 0{,}2$ nA und unterschiedlichen Tunnelspannungen $U_T = 4$, 6, 8 und 9 V aufgenommen. Um Artefakte auszuschließen und eine eindeutige Zuordnung zu ermöglichen, wurden diese Bilder unter einem Winkel von 45° bezüglich der REM-Aufnahme erzeugt

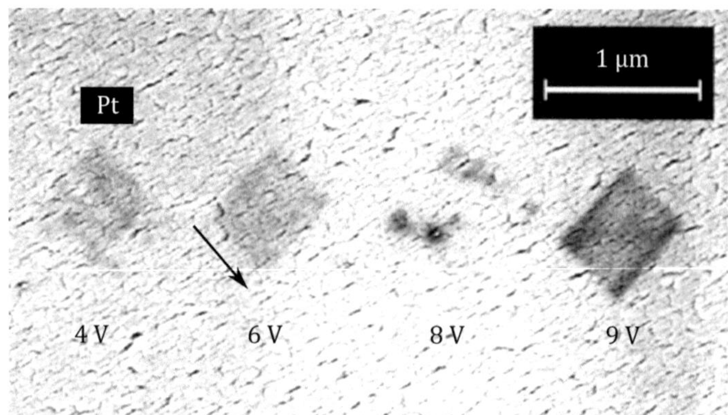

Abbildung 4.4: REM Bild mit 10 keV Beschleunigungsspannung. Vier Bereiche mit 500×500 nm^2 wurden zuvor unter einem Winkel von 45° mit dem RTM ($I_T = 0,2$ A) gescannt und sind als dunklere Bereiche auf der Platinoberfläche zu sehen. Der Pfeil gibt an in welcher Richtung die einzelnen Linien im RTM aufgenommen wurden.

(Abb. 4.4). Mit höherer Spannung ist hier eine Zunahme des Kontrastes zu beobachten. Es ist allerdings zu erkennen, dass für einige Spannungen die RTM-erzeugten Strukturen in den gerasterten Bereichen nicht homogen verteilt sind. Dies ist besonders deutlich in der 8 V-Struktur zu erkennen, im Gegensatz zur relativ homogenen Aufnahme mit 9 V. In der Tunnelstromaufnahme, die gleichzeitig mit dem Topographiebild gespeichert wurde, sind, wie schon bereits in Abb. 4.2 b) gezeigt, Stromspitzen von bis zu 10 nA während des Rasterns zu sehen. Diese Stromspitzen sind genau wie oben auf Instabilitäten im Tunnelstrom zurückzuführen.

Da ein Transport von Metallen von Spitze zu Probe und umgekehrt wegen der diskutierten Experimente ausgeschlossen wurde, ist es vorstellbar, dass molekulare Überreste aus dem Herstellungsprozess zwischen der Probenoberfläche und der Spitze fluktuieren. Aufgrund ihrer Geometrie geht von der Spitze ein stark inhomogenes elektrisches Feld aus, das attraktiv oder repulsiv auf polare Moleküle wirkt. Eine Erklärung für die Stromspitzen in den RTM-Messungen ergibt sich für den Fall, dass die Moleküle zwischen Probe und Spitze springen. Dann wird ein zusätzliches Hochfrequenzrauschen im Tunnelstrom erwartet [68]. Die Tatsache, dass die gerasterten Bereiche keine homogene Morphologie aufweisen, kann durch eine ungleichmäßige Verteilung der Moleküle auf der Oberfläche erklärt werden.

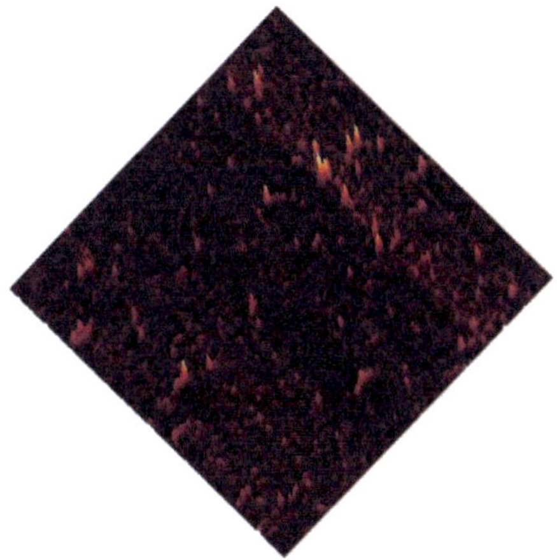

Abbildung 4.5: Tunnelstrombild der RTM-Aufnahme mit U_T = 8 V. Die hellen Peaks entsprechen Stromspitzen von bis zu 10 nA und liegen in den dunkleren Bereichen im entsprechenden REM-Bild (Abb. 4.4).

Um diese Hypothese zu überprüfen, wurde das Tunnelstrombild der Aufnahme mit U_T= 8 V, welches starke Inhomogenitäten aufweist, analysiert. Während in den hellen Regionen des Messbereichs nur Stromfluktuationen von 0,2 bis 3 nA auftraten, wurden in den dunklen Regionen große Stromspitzen von 8–10 nA in I_T beobachtet (Abb. 4.5). Im Vergleich dazu wurde eine wesentlich gleichmäßigere Verteilung der Stromspitzen im Bild mit U_T= 9 V gemessen, die mit einer homogeneren Verteilung der Ablagerungen einhergeht (vgl. Abb. 4.4). Dies steht in guter Übereinstimmung mit den vorhergehenden Hypothesen. Aus den erzeugten Tunnelstrombildern in Abb. 4.2b) und c) können Regelkreisprobleme als Ursache der Stromspitzen ausgeschlossen werden. Es traten nämlich keine Stromspitzen im zentralen Bereich der 500 × 500 nm^2-Aufnahme auf, in dem mehrere RTM-Bilder gemacht wurden, im Gegensatz zum restlichen Teil des Bildes. Dies lässt sich verstehen, wenn man annimmt, dass ein großer Teil der Moleküle in dem Bereich mit den sequentiell aufgenommenen 100 × 100 nm^2-Bildern, in dem der Hügel beobachtet wurde, bereits dissoziiert wurden und die abgelagerten Kohlenstoffreste immobilisiert auf der Oberfläche vorliegen. Nur im umgebenden Bereich sind genügend Moleküle vorhanden, die noch dissoziieren und somit Stromspitzen verursachen können. Rastertunnel-

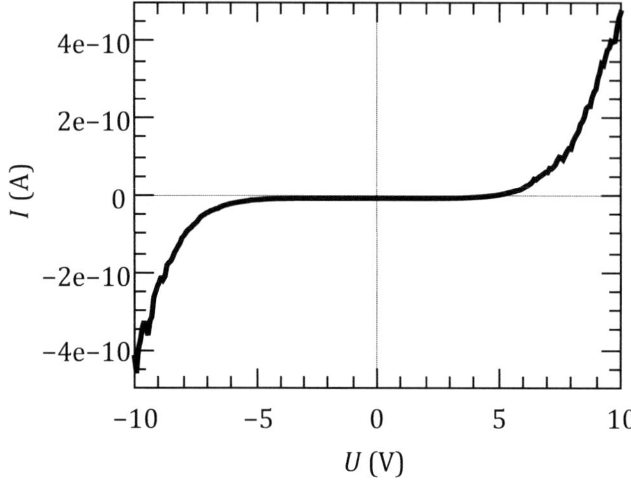

Abbildung 4.6: Spektroskopiemessung in einem Bereich, in welchem zuvor mit dem RTM ein Bild aufgenommen wurde und in dem sich im REM ähnliche Ablagerungen gebildet haben, wie in Abb. 4.4. Das Spektrum zeigt eine charakteristische Feldemissionskurve einer Wolframspitze in der Nähe einer Platinoberfläche [53, 69].

spektren zeigten das gleiche Verhalten sowohl auf dem Hügel als auch in den restlichen Bereichen der 500×500 nm^2-Aufnahme.

Die Spektren (vgl. Abb. 4.6) zeigen eine charakteristische Feldemissionskurve einer Wolframspitze in der Nähe einer Platinoberfläche [53, 69]. Sowohl das Vorhandensein organischer Moleküle aus dem Herstellungsprozess als auch das vergleichbare Erscheinungsbild in den REM-Aufnahmen, wie die kohlenstoffhaltigen Ablagerungen, die typischerweise bei REM-Messungen abgeschieden werden, legen den Schluss nahe, dass auch diese RTM-induzierten Ablagerungen zu großen Teilen aus Kohlenstoff bestehen. Da EDX-Messungen selbst auch Kohlenstoff ablagern und die hergestellten Schichten relativ dünn sind, konnte allerdings kein Unterschied im Kohlenstoffgehalt der RTM-gerasterten Bereiche und der restlichen Probenoberfläche beobachtet werden.

Es ist z.B. aus Katalyseuntersuchungen bekannt, dass sich Kohlenstoff sehr gut an Platin bindet [70]. Zudem konnten qualitativ die gleichen RTM-induzierten Topographieveränderungen auf Goldoberflächen beobachtet werden.

Aufgrund des sehr geringen Hintergrunddrucks von $p < 5 \cdot 10^{-10}$ mbar kann eine Ablagerung aus dem Restgas, wie bei REM-Aufnahmen im Bereich von $p = 1 \cdot 10^{-6}$ mbar üblich, ausgeschlossen werden. Ebenso wurden hochauflösende Rasterkraftmikroskopaufnahmen an ähnlichen Proben durchgeführt, die mit einer Maske aufgedampft wurden (vgl. Kapitel 4.3.2) ohne dass eine Ablagerung beobachtet wurde. Ein Kontrollexperiment mit einem aufgedampften Goldfilm im selben Messaufbau und mit gleichen Tunnelparametern zeigte keine Deposition. Alle diese Experimente erbrachten keine Hinweise darauf, dass organische Moleküle auf den Oberflächen dieser Proben vorhanden waren.

Es wurde berichtet, dass es möglich ist, mit UHV-RTM Nanostrukturen durch induzierte Modifikationen in dünnen Kohlenstofffilmen herzustellen [71]. Es ist weiterhin denkbar, dass das elektrische Feld der RTM-Spitze mobile Moleküle ohne Dissoziation auf der Oberfläche akkumuliert. In diesem Fall würde man allerdings eine andere Topologie der Ablagerungen auf der Oberfläche erwarten. Eine Ablagerung an den Rändern der RTM-Bilder senkrecht zur Linienrasterrichtung (Pfeil in Abb. 4.4) wäre in diesem Fall der bevorzugte Prozess. Auch eine rein chemische Reaktion in der Nähe der Spitze würde zu einer homogeneren Verteilung der Überreste im gesamten RTM-gerasterten Bereich führen, was nicht für alle Spannungen beobachtet werden konnte.

Zusammenfassend wurde mit diesen Messungen gezeigt, dass mit einem RTM im UHV kohlenstoffhaltige Ablagerungen mit Höhen von bis zu 10 nm nicht nur aus der Gasphase, sondern auch aus molekularen Überresten auf der Probenoberfläche entstehen. Selbstverständlich ist solch eine Ablagerung in den meisten Fällen ungewollt, da sie zu Artefakten in den Topografiemessungen von Nanostrukturen, die mit Elektronenstrahllithografie hergestellt wurden, führen kann. Speziell für Elektromigrationsexperimente, bei denen Kontakte mit einigen wenigen Atomen beobachtet werden sollen, ist es ungünstig, wenn Kohlenstoffatome in der Kontaktregion die Messergebnisse beeinflussen. Aus diesem Grund sind Proben, die durch Elektronenstrahllithografie hergestellt werden, und RTM-Messungen (mit hohen Tunnelspannungen) nicht vereinbar. Als Alternative zu diesen sonst vielfältig einsetzbaren Techniken ergeben sich z.B. die Rasterkraftmikroskopie und die Bedampfung im Ultrahochvakuum mit Masken.

4.2 Messmodi der Rasterkraftmikroskopie

Auf der Grundlage des Rastertunnelmikroskops entwickelten Binnig, Quate und Gerber das Rasterkraftmikroskop (RKM) [5]. Die Anwendungsgebiete des Rastertunnelmikroskops sind dadurch begrenzt, dass nur leitende oder halbleitende Oberflächen untersucht werden können. Das RKM erlaubt hochauflösende Messungen auf Metallen und Isolatoren. Um isolierende Substrate untersuchen zu können, werden statt des Tunnelstroms Kräfte zwischen der Oberfläche und der Messsonde als Regelsignal verwendet. Dabei werden unter anderem elektrostatische Kräfte [72], magnetische Kräfte [73, 74], Reibungskräfte [75], chemische Bindungskräfte [76] und Van-der-Waals-Kräfte [77, 78] genutzt.

Anstelle der Tunnelspitze des RTM wird eine Blattfeder bzw. ein Federbalken (engl. cantilever) mit einer daran befindlichen Spitze verwendet, die typischerweise aus Silizium[5] besteht. Bei optischen Detektionsverfahren wird ein Laserstrahl auf die Rückseite der Blattfeder ausgerichtet und das reflektierte Licht z.B. in einem Vierquadrantenphotodetektor erfasst. Auf diese Weise werden sowohl Verbiegungen als auch Torsionen entlang der Blattfederlängsachse gemessen.

Die Spitze an der Blattfeder wird, genau wie beim Rastertunnelmikroskop, mit Piezoantrieben in die Nähe der Probenoberfläche bewegt. Sobald Kräfte auftreten, führen diese zu einer Auslenkung der Blattfeder im statischen Fall oder zu einer Änderung der Amplitude und Frequenz der Blattfeder, wenn diese oszilliert wird.

Die dynamische Oszillationsmethode wird verwendet, um einen Kontakt der Spitze mit der Probe zu vermeiden. Es wird entweder eine konstante Verbiegung oder eine Amplituden- bzw. Frequenzverschiebung als Regelsignal verwendet. Der Regelkreis über eine Phasenregelschleife (Phaselocked Loop – PLL) sorgt in Verbindung mit dem Scannerpiezo genau wie beim RTM für einen konstanten Abstand zwischen Probe und Spitze während des lateralen Abrasterns. Eine ausführliche Erklärung des Rasterkraftmikroskops findet man z.B. in [79].

---

[5]www.nanosensors.com

Frequenz- und Amplitudenmodulation

Man unterscheidet bei der Rasterkraftmikroskopie drei unterschiedliche Messmodi. Abhängig vom Abstand der Spitze zur Probe spricht man vom Kontakt-, Nichtkontakt- (engl. non-contact, NC) und intermittierendem (engl. intermittent oder tapping[6]) Modus.

Beim Kontaktmodus wird die Verbiegung der Blattfeder beim Rastern über die Oberfläche detektiert. Dafür werden sehr weiche Federbalken (Federkonstanten typischerweise D = 0,1–1 N/m) verwendet, die unter Krafteinfluss eine starke Verbiegung aufweisen. Atomare Auflösung kann in diesem Modus meistens nicht erreicht werden. Jedoch können durch diese Methode invasiv Defekte erzeugt werden [80, 81].

Neben diesem Kontaktmodus gibt es auch dynamische Modi, den Frequenzmodulations- und den Amplitudenmodulationsmodus. Der Frequenzmodulationsmodus (FM-RKM) wird standardmäßig im Ultrahochvakuum für hochauflösende Bilder im (Sub-)Nanometerbereich zur Abbildung von Molekülen und Atomen eingesetzt [79]. Die Blattfeder und damit die daran befindliche Spitze wird nahe der Probe mit ihrer Resonanzfrequenz (typischerweise f_0 = 70–300 kHz) oszilliert, ohne diese zu berühren. Als Regelsignal wird die Verschiebung der Resonanzfrequenz der Blattfeder durch die Wechselwirkungen mit der Oberfläche verwendet [82]. Diese Verschiebung ist aufgrund der hohen Federkonstanten von 10–100 N/m und der damit verbundenen hohen Güten (Q-Faktor) der Blattfeder im Größenordnungsbereich von 10.000-5.000.000 sehr empfindlich auf kleinste Änderungen. Gleichzeitig ist es aufgrund der langen Abklingzeiten schwierig, Strukturen mit hohen Korrugationen von einigen Nanometern in der z-Richtung zu folgen. Dies führt zu harten Spitzenkontakten mit der Probe (engl. tip-crash), wodurch sowohl die Probe als auch die Spitze Änderungen erfahren, welches zu Kontrast- und Topografieänderungen führen kann.

Der intermittierende Messmodus deckt den Zwischenbereich zwischen dem statischen, eventuell invasiven Kontaktmodus und dem nicht-invasiven, aber für hohe Strukturen ungünstigeren Frequenzmodulationsmodus ab. Dabei wird die Spitze nahe der Resonanzfrequenz oszilliert und so weit an die Probe angenähert, dass gerade am unteren Umkehrpunkt der Federbalkenoszillation die Spitze in den Pauli-repulsiven Bereich der Elektronenhüllen kommt [57]. Dadurch ändert sich die Resonanzfrequenz des

---

[6]Warenzeichen von Digital Instruments

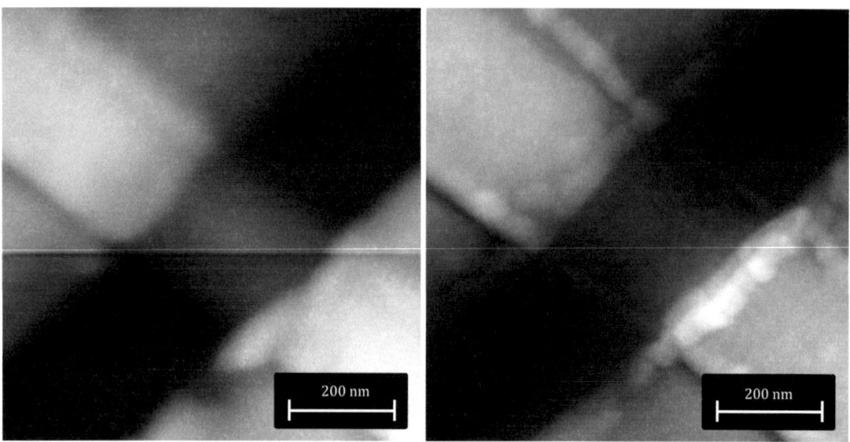

Abbildung 4.7: links: Rasterkraftbild im Frequenzmodulations- oder auch „non-contact "-Modus (FM-RKM). Die hohe Empfindlichkeit für kleine Strukturen im molekularen oder sogar atomaren Bereich führt bei den mehrere Nanometer großen Strukturen zu Stabilisierungsschwierigkeiten und unkontrolliertem Spitzenkontakt mit der Probe.
rechts: Rasterkraftbild der gleichen Struktur im Amplitudenmodulations-Modus (AM-RKM). Die bessere Regelung ermöglicht es große Strukturen ohne relevante Veränderungen der Spitze abzubilden. Es sind wesentlich mehr Details der Struktur gegenüber dem FM-RKM-Bild zu erkennen.

Systems, wodurch sich sowohl die Phase zwischen Schwingung und Anregung als auch die Amplitude der Schwingung ändern. Typischerweise verwendet man die Amplitudenänderung als Stellsignal für den Regelkreis (AM-RKM). Im Gegensatz zum NC-Modus werden hier entweder mittelweiche Federbalken (Federkonstanten 1–10 N/m, Resonanzfrequenzen 20–100 Hz) mit kleineren Güten verwendet oder es wird eine Reduzierung der Güte des Systems durch aktive Q-Kontrolle (engl. active Q-Control) [83] bewirkt. Aufgrund des somit erzielten geringen Q-Faktors klingen Störungen sehr schnell ab, was eine schnellere Regelungsgeschwindigkeit und damit verbunden schnelleres Rastern bzw. artefaktfreies Abbilden von großen Korrugationen ermöglicht.

Zur Abbildung von metallischen Strukturen in dieser Arbeit wurden beide dynamischen Messmodi verwendet. Im NC-FM-Modus kam es aufgrund der hohen Korrugation der untersuchten Strukturen von bis zu 60 nm zu häufigen Kontakten der Spitze mit der Probe und somit zu Spitzenänderungen. Eine Drehung des Rasterfensters, so dass hohe Kanten unter einem Winkel von 45° angefahren wurden, führte hierbei nicht wie bei RTM-Aufnahmen zu einer wesentlichen Verbesserung. Wie in Abbildung 4.7 links zu sehen, ist die Struktur sehr verwaschen ohne markante Details der Oberfläche erkennen zu lassen. Während dieser Messung trat eine spontane Änderung der Spitze auf, die als horizontale Linie im Bild zu erkennen ist. Die gleiche Struktur wurde daraufhin mit der AM-Messmethode untersucht, wie im rechten Bild zu sehen ist. Während der Messung traten keine Spitzenänderungen auf. Außerdem wurde eine höhere Auflösung erzielt, wodurch entlang der Kanten die Materialaufhäufungen zu sehen sind, die durch den Herstellungsprozess mit Elektronenstrahllithografie und Aufsputtern entstehen. Einzelne Körner des metallischen Films können so identifiziert werden, und Wölbungen im Draht sind besser zu erkennen. Durch die verbesserte Regelung war bei weiteren Aufnahmen eine Drehung des Scanbereichs nicht mehr notwendig.

4.3 Rasterkraftmessungen während der Elektromigration

Um elektronische Transportmessungen an Nanostrukturen auf Oberflächen durchführen zu können, sind die Strukturen durch eine isolierende Schicht vom Substrat getrennt. Dies führt bei Rastertunnelmikroskopiemessungen, wie in Kapitel 4.1.2 aufführlich erläutert, zu Schwierigkeiten. Dagegen ist die Rasterkraftmikroskopie eine adäquate Technik, die auf jeder Oberfläche angewendet werden kann, um nichtinvasiv Strukturen bis in den Nanometerbereich abzubilden.

In dieser Arbeit wurden metallische Nanobrücken aus Platin, Palladium und Gold entweder mit Elektronenstrahllithografie (Kap. 2.1) oder durch Maskenbedampfung im Ultrahochvakuum (Kap. 2.2) eingesetzt. Für die Strukturmessungen wurde ein kommerzielles UHV-Rasterkraftmikroskop (Jeol) mit einem Phase Locked Loop Controller (Nanosurf) und eingebautem Rasterelektronenmikroskop benutzt. Die Cantilever-Messnadeln hatten eine Resonanzfrequenz von ungefähr 170 kHz, eine Güte Q von ca. 5000 und eine Federkonstante von 40–50 N/m. Als Messmodus wurde der bereits erklärte intermittierende Modus mit Amplitudenmodulation (AM-RKM) gewählt, bei dem der Cantilever mit einer festen Frequenz außerhalb der Resonanzfrequenz oszilliert wird und die Änderung der Amplitude bei Wechselwirkung mit der Oberfläche als Regelsignal für den Spitzen-Proben-Abstand verwendet wird. Dies wurde durch eine Reduzierung der Güte des Systems durch die aktive Kontrolle der Güte (engl. active *Q*-control technique) [83] erreicht. Der sonst im Ultrahochvakuum übliche Messmodus mit Frequenzmodulation [79] war, wie in Kap. 4.2 beschrieben, nicht geeignet, die bis zu 30 nm hohen Strukturen abzubilden.

4.3.1 Platin und Palladium

Durch Elektronenstrahllithografie und Aufsputtern wurden Nanobrücken aus Platin und Palladium mit Schichtdicken von 30–50 nm und Breiten von 200–300 nm hergestellt. Die aufgesputterten Strukturen hatten eine glattere Oberfläche als die aufgedampften Goldproben (s. unten). Die Strukturen zeigten Aufhäufungen an den Rändern der ursprünglichen PMMA-Maske, was häufig bei der Herstellung durch Elektronenstrahllithografie mit Aufsputtern von Metallen auftritt. Die Proben zeigten, verglichen mit den Goldproben (R_0 = 40 Ω), relativ hohe Widerstände von 400–650 Ω. Schätzt man die Widerstände aus den Drahtabmessungen und den spezifischen Widerständen ab, ergeben sich Werte von nur ca. 1 Ω für Gold und ungefähr 4 Ω für Platin und Palladium. Die gemessenen Werte sind signifikant höher, welches bereits von anderen Gruppen berichtet wurde [84] und aus der Mikrostruktur und den Kontaktwiderständen resultiert. Es ist außerdem bekannt, dass aufgesputterte Proben üblicherweise einen höheren Widerstand aufweisen als Proben mit den gleichen Dimensionen, die aufgedampft wurden.

Nach einer RKM-Aufnahme wurden die Brücken mit Elektromigration gedünnt. Bereits nach 2–8 Zyklen und Widerstandserhöhungen von nur wenigen Ω kam es zu einem vollständigen Öffnen der Kontakte. RKM-Aufnahmen zeigten, dass sich entlang der Brücken große Spalte gebildet hatten (Bild 4.8), was auf eine große Temperaturverteilung hindeutete. Erklären lässt sich dies dadurch, dass bei Metallen neben der Schmelztemperatur T_S eine Temperatur T_{EM} existiert, bei der die Atome mobil genug werden, um sich unter Einfluss des Elektronenwinds zu bewegen. Liegen diese beiden Temperaturen, wie bei Gold, vergleichsweise niedrig und weit auseinander (T_{EM} = 373 K und T_S = 1336 K) [85], lässt sich die Migration gut kontrollieren, ohne dass ein vorzeitiges Aufschmelzen oder Verdampfen die Strukturen zerstört. Bei Platin und Palladium liegen diese beiden

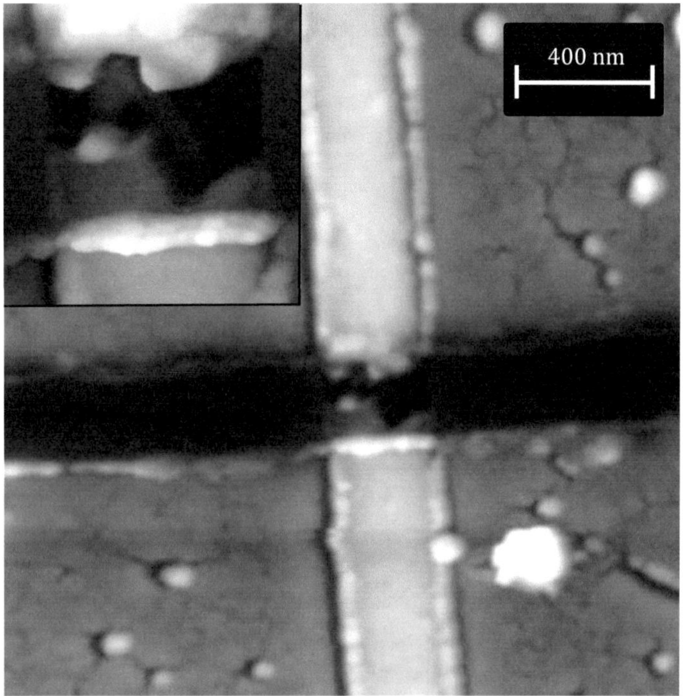

Abbildung 4.8: RKM-Bild einer migrierten Palladiumbrücke, die durch Elektronen-strahllithografie und Aufsputtern hergestellt wurde. Der Anfangswiderstand betrug 635 Ω und die Brücke war bereits nach acht Migrationszyklen geöffnet. In der Vergrößerung des Kontaktbereichs (links oben) sind unterschiedlich große Unterbrechungsabstände sichtbar.

Temperaturen wesentlich höher (T_{EM} = 813 K und T_S = 2045 K), wodurch viel mehr Leistung benötigt und eine Elektromigration erschwert wird. Die Elektromigration ist trotzdem möglich, wie andere Gruppen in TEM-Aufnahmen bei Proben auf sehr dünnen Substraten zeigen konnten [24]. Dabei konnte sowohl Rekristallisation als auch ein langsames Dünnen der Kontakte beobachtet werden. Das Substrat, die Probenpräparation und Änderungen durch die Charakterisierungsart (Elektronenbeschuss, Kontamination) können hier einen Unterschied bewirken. Dies sollte in zukünftigen Arbeiten systematisch untersucht werden.

4.3.2 Gold - Morphologie und Rissentstehung

Unter Verwendung einer Si-Maske [15], vergleichbar mit [16] und Kap. 2.2, und Bedampfung mit 30 nm Gold in einer UHV-Kammer wurde eine Nanostruktur mit einer Verengung von 450 nm (Bild 4.9 o. l.) auf einem Siliziumsubstrat mit nativer Oxidschicht hergestellt. Diese wurde mit leitfähigem Epoxykleber H20E und Golddrähten auf einen Standardprobenhalter (Jeol) aufgebracht und kontaktiert. Sie zeigte einen Gesamtwiderstand von R_0 = 40 Ω. Dies lässt auf einen Einfluss der mikroskopischen Details der Nanostruktur sowie der Korngrenzen schließen, wenn man für diese Drahtdimensionen und dem spezifischen Widerstand von Gold normalerweise einen Widerstand von einigen Ohm erwarten würde.

Nach den ersten RKM-Strukturbildern zur Charakterisierung wurde die Brücke kontrolliert durch Elektromigration gedünnt [6, 36]. In jedem Zyklus wurde die Spannung U in Schritten von 1 mV pro 100 ms erhöht, bis sich der Anfangswiderstand R_0 um 1–6 % erhöht hatte. Dann wurde die Spannung automatisch zurückgefahren, so dass die Leistung auf 20 % zurückging und ein neuer Zyklus gestartet wurde. Bei verschiedenen Widerständen der Brücke wurde der Elektromigrationsprozess gestoppt und zusätzliche Rasterkraftbilder aufgenommen, um die strukturellen Änderungen während der Elektromigration charakterisieren zu können.

Die erste RKM-Aufnahme wurde nach ca. 20 Migrationszyklen und $R \approx 100\ \Omega$ durchgeführt (Abbildung 4.9 o. r.). Der erzeugte Spalt hatte eine durchschnittliche Breite von d = 10–20 nm, wies aber an bestimmten Positionen bis zu 80 nm auf. Entlang des Stromflusses hatten sich Aufhäufungen von Probenmaterial aus dem Spalt am oberen Ende des Kontakts gebildet. Diese Aufhäufungen werden durch thermisch aktivierte Diffusion des Metalls unter dem Einfluss von Elektromigrationskräften (s. oben) erzeugt.

Entlang des Spalts sind im RKM-Bild zahlreiche Bereiche zu erkennen, an denen die Brücke Durchgang besaß oder sich kleine Lücken ausgebildet hatten. Die genaue Position, an der sich der gedünnte Kontakt befand, konnte allerdings erst nach dem vollständigen Migrieren der Brücke identifiziert werden und ist als Pfeil in Abbildung 4.9 u. l. markiert.

Der Elektromigrationsprozess wurde für Rasterkraftaufnahmen bei R = 167, 328, 630 und 12900 Ω unterbrochen. Diese Bilder zeigten keine strukturellen Veränderungen zum Bild mit R = 100 Ω. Dies ist auf die Auflösung des RKM zurückzuführen. Aus dem vergrößerten Bereich von

Abbildung 4.9 u. r. wurde die laterale RKM-Auflösung als Abstand zwischen den beiden Pfeilen zu ungefähr 3 nm abgeschätzt. Alle Änderungen der Struktur zwischen 100 und 12 900 Ω haben sich unterhalb dieses Bereichs, und somit der Auflösungsgrenze der Bilder, abgespielt.

Vergleicht man die Struktur des Kontakts nach der ersten Elektromigration mit Ergebnissen anderer Gruppen, so kommt man zu dem Schluss, dass es verschiedene Ausprägungen der erzeugten Nanokontakte und -spalte gibt. So wurde von seitlichen Einschnürungen berichtet, die als Ausbildung eines großen Spalts in der Größenordnung der ursprünglichen Drahtbreite gesehen werden können (vgl. Fig. 1 in [46] und Fig. 3 in [47]). In anderen migrierten Nanodrähten wurde wiederum ein schmaler Spalt beobachtet (Fig. 2 in [46] und Fig. 1 in [47]). Für diese unterschiedlichen Ausprägungen gibt es verschiedene Erklärungsmöglichkeiten.

Zunächst einmal variieren die ursprünglichen Nanodrähte in ihrer Form. Die meisten weisen eine Breite von 50 bis 200 nm auf, während die in dieser Arbeit hergestellten Nanostrukturen 300–450 nm breit waren. Allerdings konnte kein systematischer Zusammenhang zwischen der Drahtbreite und Spaltausbildung beobachtet werden. Auch die verschiedenen Eigenschaften der unterschiedlichen Metallsorten erklären dieses Verhalten nicht.

Des Weiteren verwenden sowohl [46] als auch [47] Golddrähte, deren ursprüngliche Mikrostruktur sich vor der Elektromigration von den Proben dieser Arbeit kaum unterscheidet, was durch TEM und hier mit RKM gemessen wurde.

Daraus folgt, dass die genaue Struktur eines Kontakts durch Spezifika des Elektromigrationsprozesses selbst entsteht. Der Beginn der Elektromigration ist ausführlich in [85] beschrieben. Dabei befindet sich der Kontakt anfänglich im thermischen Regime, in dem die über den Kontakt abfallende Spannung und die Temperatur in fester Beziehung zueinander stehen. Da Defekte in Form von Verunreinigungen und Korngrenzen über die Nanostruktur verteilt vorliegen (s. auch [86]), kann von einer Verteilung von Atombindungsenergien in der Brücke ausgegangen werden. Je größer die angelegte Spannung wird, um so höher wird auch die Temperatur am Kontakt, bis schließlich die Atome mit den geringsten Bindungsenergien mobil genug sind, um durch den Impulsübertrag des Elektronenstroms bewegt werden zu können. Da Atome an Korngrenzen, Versetzungen und Oberflächen kleinere Bindungsenergien besitzen als Atome auf regulären Plätzen im Gitter, werden diese zuerst ihre Positionen verändern.

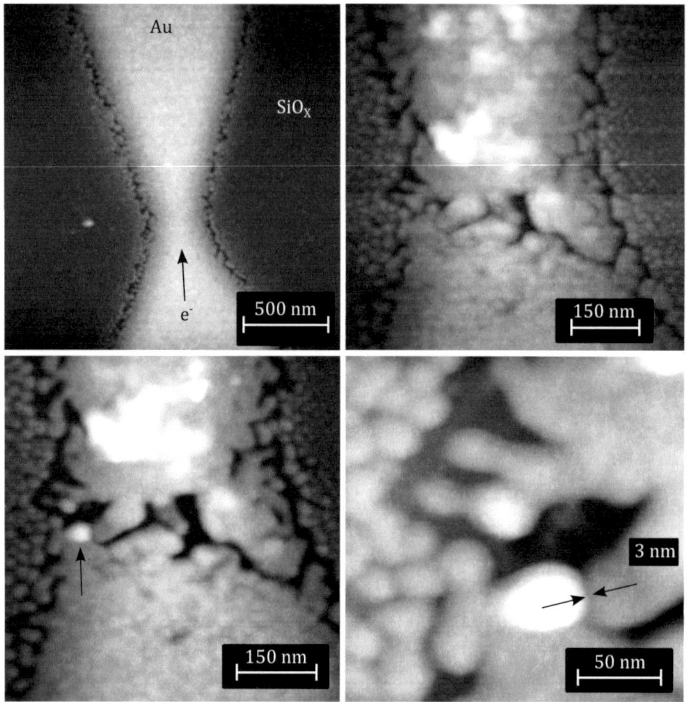

Abbildung 4.9: oben links: (Drahtwiderstand: R = 40 Ω) Rasterkraftaufnahme (AM-RKM) einer 30 nm dicken Goldstruktur mit einer 450 nm breiten Verengung, die auf einer Siliziumprobe mit nativer Oxidschicht im Ultrahochvakuum aufgebracht wurde. Der Elektronenstrom verlief von unten nach oben im Bild (Pfeilrichtung).

oben rechts: (R = 100 Ω) Nach 20 Elektromigrationszyklen hat sich der Riss ausgebildet und zeigt in Rasterkraftaufnahmen keine weiteren Veränderungen bis zu 1 G_0. Am oberen Ende der Struktur sind Aufhäufungen von Probenmaterial aus dem Spalt zu sehen.

unten links:(R > 30 $k\Omega$) Nach dem Migrieren ist bis zum Öffnen des Kontakts im linken Bereich des Spalts eine Aufhäufung zu beobachten (Pfeil), an deren Stelle der letzte Kontakt gewesen sein muss.

unten rechts: In der Vergrößerung der Region ist eine aufgeschmolzene Kugel zu sehen. Die Auflösung der Rasterkraftmessung liegt im Bereich von 3 nm. Damit liegen für den Bereich zwischen 100 und 12900 Ω alle morphologischen Änderungen im Kontakt unter dieser Auflösungsgrenze.

In den Regionen, in denen das Material entfernt wurde, muss die lokale Temperatur über der notwendigen Diffusionstemperatur T_{EM} gelegen haben, während in den übrigen Regionen des Kontakts die Temperatur darunter gelegen haben muss. Um dies zu überprüfen, wurde das RKM-Bild nach der Elektromigration über die Aufnahme der ursprünglichen, unveränderten Struktur gelegt und die verschiedenen Bereiche zugeordnet (Abb. 4.10).

Der Bereich, in dem Material entfernt wurde und Veränderungen durch die Elektromigration auftraten, ist durch die gepunkteten scharzen Linien markiert. In den blau markierten Regionen sind die vorher vorhandenen Körner vollständig verschwunden, während in den blau schraffierten Regionen noch Restmaterial von ehemals viel größeren Körnern zu sehen sind. In einigen Regionen folgt der Spalt den Korngrenzen, was besonders an den Seiten des Drahtes gut zu beobachten ist. Dort gab es auch in der Anfangsmikrostruktur bereits Einbuchtungen, von wo aus die Spaltbildung begann. Die rot markierten Bereiche sind Körner, die durch die Spaltausbildung teilweise entfernt wurden, aber im Gegensatz zu den blau schraffierten Regionen noch zum Teil in ihrer Ursprungsstruktur vorliegen. Im Bild ist zu sehen, dass die roten Bereiche in der Mitte, die blauen eher auf der rechten Seite und die grünen über den gesamten Spalt verteilt sind. Nur ein blau schraffierter Bereich befindet sich in der Mitte des Spalts, umgeben von roten Bereichen.

Zu Beginn des Elektromigrationsprozesses im thermischen Bereich wurden in der Verengung alle miteinander verbundenen Körner, die den Nanodraht bilden, gleichmäßig erhitzt, wobei das Temperaturprofil zu den Kontakten hin abfällt. Diese gleichmäßige Temperaturverteilung über die gesamte Breite der Verengung bewirkt eine gleichmäßige Spaltbildung entlang der Korngrenzen, da dort die Bindungsenergien der Atome niedriger und im gleichen Bereich liegen. Sobald die Elektromigration einsetzt, erwartet man, dass die Atome in diesem Bereich mehr oder weniger gleichzeitig beweglich genug werden, um sich umzulagern.

Aus der Existenz der grünen Region auf der rechten Seite, die nicht mit dem restlichen Spalt verbunden ist, kann gefolgert werden, dass zumindest ein Teil der Spaltbildung durch Einschnürung von den Seiten an Schwachstellen, vergleichbar mit Sollbruchstellen, erfolgte. Die gleichmäßige Temperaturverteilung zu Beginn der Migration liefert allerdings keine Erklärung, warum einzelne Körner nur lokal (blaue Bereiche) oder an verschiedenen Stellen nur teilweise entfernt wurden (rote Bereiche).

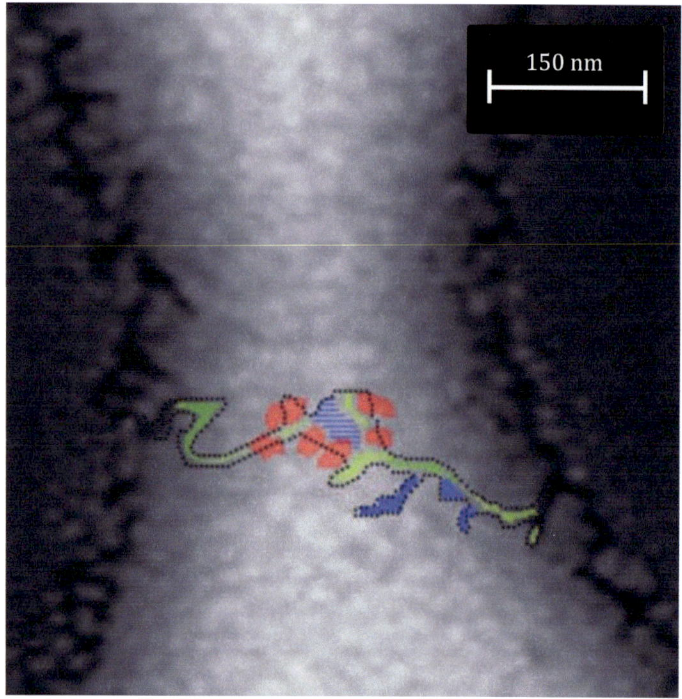

Abbildung 4.10: Abgebildet ist der Riss im Golddraht nach der Elektromigration auf der Ausgangssituation. Im Vergleich mit der ursprünglichen Morphologie wurden unterschiedliche Bereiche eingefärbt. Im grünen Bereich verläuft der Graben entlang von Korngrenzen, während in den blau markierten Gebieten die Körner vollständig verschwunden sind. Eine teilweise Migration von Körnern ist im blau gestreiften Bereich in der Mitte der Struktur zu sehen, welcher von rot eingefärbten Körnern umgeben ist, die durch den Riss geteilt wurden. Der Graben beginnt an den beiden Enden der Struktur an Stellen, wo auch schon zu Beginn Einbuchtungen vorhanden waren, verläuft allerdings nicht entlang des engsten Querschnitts.

Dies lässt sich nur erklären, wenn man annimmt, dass sich die Temperaturverteilung im Nanodraht mit der Spaltausbildung veränderte.

Durch die Elektromigration wurden Bereiche elektrisch getrennt und somit änderten sich auch die lokalen Stromdichten und Temperaturen. In den rot markierten Körnern muss die lokale Temperaturverteilung innerhalb eines Korns stark anisotrop gewesen sein, während in den blauen Regionen die Verteilung gleichmäßig auf der Größenordnung der Korngröße war. Diese stark lokalisierte Temperaturvariation deutet auf die

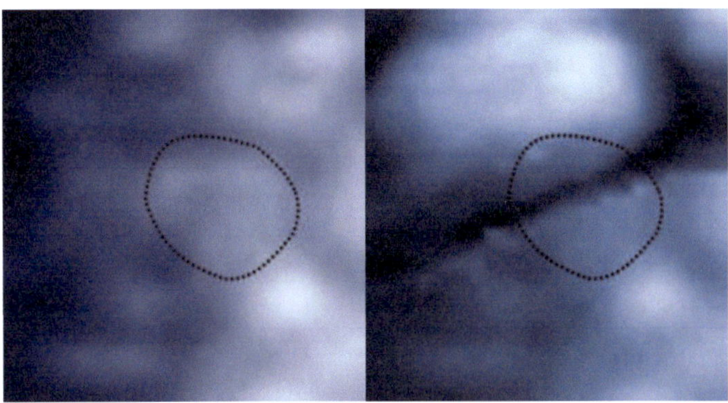

Abbildung 4.11: Änderung des rot eingefärbten Korns ganz links in Abbildung 4.10. Der Spalt verläuft quer durch das Korn und es sind oberhalb Materialaufhäufungen in Richtung des Elektronenflusses zu erkennen, während der Teil unterhalb des Spalts unverändert bleibt.

Bildung von kleineren Kontakten und stärker lokalisierten Leitungskanälen im Verlauf der Spaltbildung hin.

Der Prozess, der die Löcher in den blauen Regionen erzeugte, muss nach dieser Vorstellung zu Beginn der Elektromigration aufgetreten sein, als die Temperaturverteilung noch vergleichsweise homogen über große Bereiche war, während die Abspaltung oder Teilung aufgrund eines starken Temperaturgradienten in der Nähe der roten Bereiche zu einem späteren Zeitpunkt in kleineren Nanokontakten entstand.

Die Temperatur variiert auf der Längenskala der mittleren freien Weglänge der Elektronen l_e im Metall, die bei Gold (T = 298 K) circa l_e = 23 nm [87] beträgt. Ist die tatsächliche freie Weglänge in den granularen Filmen wesentlich kleiner, verglichen mit der typischen Korngröße von 25–35 nm, so ist dies eine Erklärung für das Migrationsverhalten.

Bei einer durchschnittlichen Spaltbreite von d = 10–20 nm, kann auch Fowler-Nordheim-Tunneln oder Feldemission (vgl. Abschnitt 4.4) zur Ausformung des Kontakts beitragen, da diese Prozesse Material bevorzugt aus Bereichen mit sehr kleinen Krümmungsradien entfernen können.

Betrachtet man die elektrischen Messungen während der Elektromigration (vgl. Kapitel 3.2), so erkennt man entlang des Abbruchkriteriums hyperbolische Linien, die einer konstanten, dissipierten Leistung in der Brücke entsprechen [42]. Die Strom-Spannungscharakteristik des Elektromigrationsprozesses zeigt für diese Probe, dass die in der Brücke dissipierte Leistung $P^\star$ am Ende des Migrationszyklus nicht über den gesamten Bereich konstant blieb. Bis $R = 55\ \Omega$ konnte diese zu $P^\star = 1$ mW bestimmt werden und reduzierte sich dann auf $P^\star = 0{,}5$ mW (vgl. Abb. 4.12 oben).

Dieses Verhalten kann dadurch erklärt werden, dass ein kleineres Volumen aufgeheizt werden muss, sobald der Strom durch weniger zahlreiche und/oder kleinere Kontakte fließt. Ein ähnliches Verhalten wurde auch in weiteren Kontakten bei Elektromigration festgestellt.

Die Elektromigration wurde an dieser Probe bis in den ballistischen Bereich kontrolliert durchgeführt (Abb. 4.12). Dabei werden diskrete Plateaus sowie Sprünge im Leitwert in Übereinstimmung mit vorherigen Messungen beobachtet. Die gemessenen Leitwertplateaus entsprechen nicht notwendig einem ganzzahligen Vielfachen des Leitwertquants $G_0 = (1/12900)\ \Omega^{-1}$. Bei niedrigen Spannungen ist am Anfang der Kurven teilweise ein bogenförmiger Verlauf zu beobachten. Eine mögliche Erklärung für diesen Verlauf ist die Joulesche Erwärmung. Der Kontakt erwärmt sich bei Erhöhung der Spannung und sein Widerstand steigt. Wird das Abbruchkriterium erreicht und ein neuer Zyklus gestartet, sinkt die Temperatur und somit der Widerstand. Ist die thermische Ankopplung des Kontakts an die Umgebung schlecht, sinkt der Widerstand auch bei Erhöhung der Spannung zu Beginn des Zyklus aufgrund der Abkühlung. Deswegen müssen die Leitwertplateaus bei dieser Methode nicht unbedingt mit solchen anderer Messmethoden, wie z.B. der Bruckkontakttechnik übereinstimmen.

Nach dem letzten Elektromigrationszyklus wurde eine Spannung von 5 V an den Kontakt angelegt, um sicherzugehen, dass dieser vollständig geöffnet wurde. Im nachfolgenden RKM-Bild konnten zwei kleine Kugeln mit Durchmessern von $d = 20$–50 nm auf der linken Seite der Struktur beobachtet werden (Pfeil in Abbildung 4.9 l. u. und r. u.). Dies deutet auf ein lokales Aufschmelzen hin, bei welchem das Material eine sphärische Form angenommen hat, um die Oberflächenenergie zu minimieren. Daraus folgt, dass der Draht den letzten Kontakt vor dem vollständigen Öffnen im Bereich der beiden Kugeln hatte.

Der kleinste Abstand zwischen den beiden Elektroden im Bereich der aufgeschmolzenen Kugeln konnte zu weniger als 3 nm bestimmt werden, welches der Auflösungsgrenze des Rasterkraftmikroskops für solche Strukturen entspricht (Abbildung 4.9 r. u.).

Die Mikrostruktur des Nanodrahtes nach der Elektromigration zeigte keine Rekristallisation in dieser speziellen Probe. Eine Rekristallisation

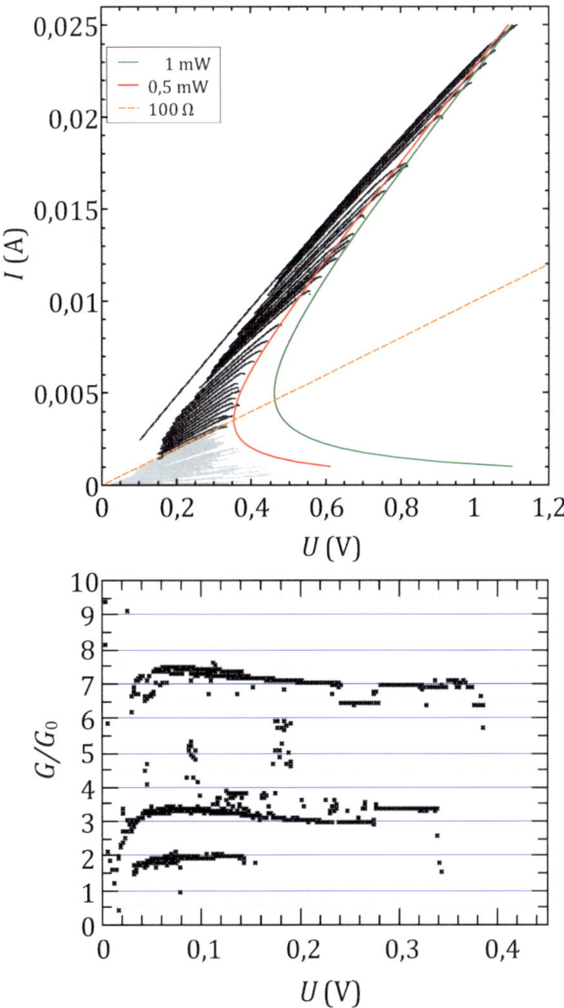

Abbildung 4.12: oben: $I(V)$-Verlauf der Elektromigration bis $R = 100\ \Omega$ (orange Linie). Die Elektromigration an der Brücke findet bis $R = 55\ \Omega$ bei einer Leistung von $P^{\star} = 1$ mW (grüne Kurve) statt. Im Bereich von $R = 55$–$100\ \Omega$ wird nur noch $P^{\star} = 0,5$ mW (rote Kurve) benötigt.

unten: Leitwert G/G_0 der Elektromigration im Bereich zwischen 0 und 10 Leitwertquanten ($G_0 = (1/12900)\ \Omega$). Es sind Plateus zu erkennen sowie Sprünge aufgrund von Telegrafenrauschen.

hätte eine Veränderung der Körner im Bereich des Spalts gegenüber den Bereichen im restlichen Draht erzeugt. Dieses Verhalten kann mit einer vergleichsweise kleinen Defektkonzentration im metallischen Film erklärt werden. Allerdings zeigte der Film die üblichen Korngrößen und damit Defekte wie auch andere Proben. Eine andere mögliche Erklärung hierfür ist, dass die Temperatur während der Elektromigration klein gegenüber der Aktivierungsenergiebarriere der Hauptdefekte war. Bei anderen Experimenten von [24] und auch anderen Proben dieser Arbeit, bei denen eindeutig Rekristallisation auftrat, muss demzufolge eine höhere Temperatur vorgeherrscht haben. Rekristallisation kann durch Verunreinigungen auf der Oberfläche (Schmelzpunkterniedrigung) oder induzierte Temperaturerhöhungen bei Messungen mit REM bzw. TEM hervorgerufen werden. Der genaue Mechanismus bedarf allerdings weiterer Untersuchungen.

Durch Kelvin-Probe-Aufnahmen im RKM kann eine Untersuchung der lokalen Unterschiede in der Austrittsarbeit gemessen werden. Dadurch ist eine genauere Lokalisierung der elektrischen Kontakte möglich. Dies kann ausgenutzt werden, um die Positionen der metallischen Kontakte nach Ausbildung des Spalts einzugrenzen.

4.4 Negative Steigung bei $R(U)$-Kurven im UHV

Bei den Elektromigrationsexperimenten im Ultrahochvakuum zeigten alle Probenarten einen Verlauf (Abb. 4.14), von dem bisher in der Literatur nicht berichtet wurde. Die Elektromigration begann zunächst vergleichbar wie schon in Abbildung 3.1 dargestellt. Der Widerstand erhöhte sich durch die Joulesche Wärme zunächst um wenige Ohm, dann trat am Ende des Zyklus, durch Dünnung infolge der Elektromigration der Strukturen, eine große positive Widerstandsänderung auf. Nach einigen Zyklen und Widerstandserhöhungen mit steigender Spannung klappte jedoch die positive Steigung um und bei Erhöhung der Spannung wurde eine Widerstandserniedrigung beobachtet.

Dieser Übergang von positiver zu negativer Steigung fand in manchen Proben kontinuierlich (s. Abb. 4.14), in anderen Proben plötzlich von einem Zyklus zum nächsten statt. Darüber hinaus wurde der Übergang für verschiedene Proben in einem großen Intervall von 15–600 Ω beobachtet (vgl. Abb. 4.14 und 4.15).

Dieses Verhalten wurde bei Gold-(Abb. 4.14), Palladium-(Abb. 4.13 links), Platin-(Abb. 4.13 rechts) und Aluminiumproben (Abb. 4.16) beobachtet und ist unabhängig von den verwendeten Materialien.

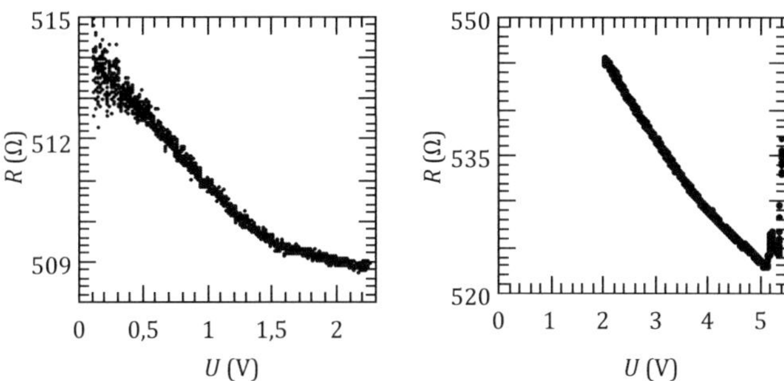

Abbildung 4.13: Widerstandsverläufe mit negativen Steigungen einer Palladium-(links) und Platinprobe (rechts).

Dieser Effekt hängt nicht von der Herstellungsmethode, der Temperatur, der Polarität oder dem Messaufbau ab. Ein Stromfluss durch das Substrat kann aufgrund der in manchen Experimenten verwendeten dicken Oxidschichten, bei denen negative Steigungen ebenfalls auftraten, ausgeschlossen werden. Die Ausbildung der negativen Steigungen verhindert in vielen Fällen die kontrollierte Elektromigration, da das Abbruchkriterium der Elektromigrationszyklen nicht mehr erreicht wird.

Die Einführung eines Abbruchkriteriums für eine negative Widerstandsänderung konnte dieses Problem teilweise umgehen und eine kontrollierte Elektromigration ermöglichen. Das letzte Öffnen der Kontakte fand jedoch immer spontan statt. Leider konnte kein signifikanter struktureller Unterschied zwischen den verschiedenen Verhaltensweisen anhand von REM-Aufnahmen festgestellt werden.

4.4.1 Ausschluss von Heizeffekten

Es ist möglich, dass Heizeffekte die Widerstandsverläufe beeinflussen. So ist es zum Beispiel denkbar, dass durch thermische Erwärmung der beiden Elektroden bzw. Zuleitungen eine mechanische Variation des Abstands und somit eine Veränderung des Widerstands auftritt.

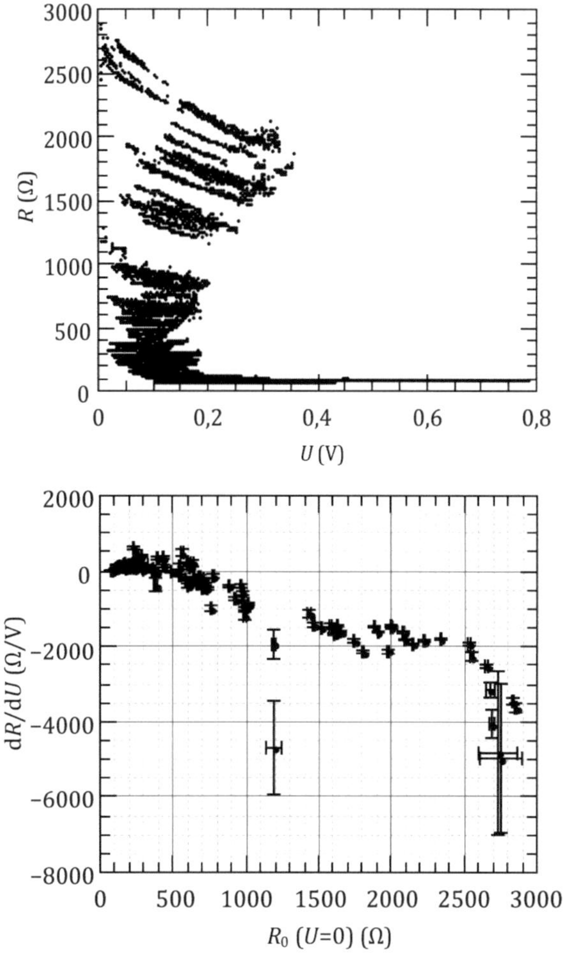

Abbildung 4.14: Oben: Elektromigration einer mit Maskenbedampfung hergestellten Goldprobe auf SiO_2 bei 4 K.
Unten: Auftragung der Steigungen der einzelnen Zyklen mit Extrapolation des Widerstandes für U=0 V.

Um Heizeffekte als Ursache der negativen Steigungen auszuschließen, wurden Messungen bei steigenden Spannungen mit Messungen bei fallenden Spannungen verglichen. Eine 30 nm dicke Aluminiumprobe, die auf einer 400 nm dicken Siliziumoxidschicht durch Elektronenstrahllithografie

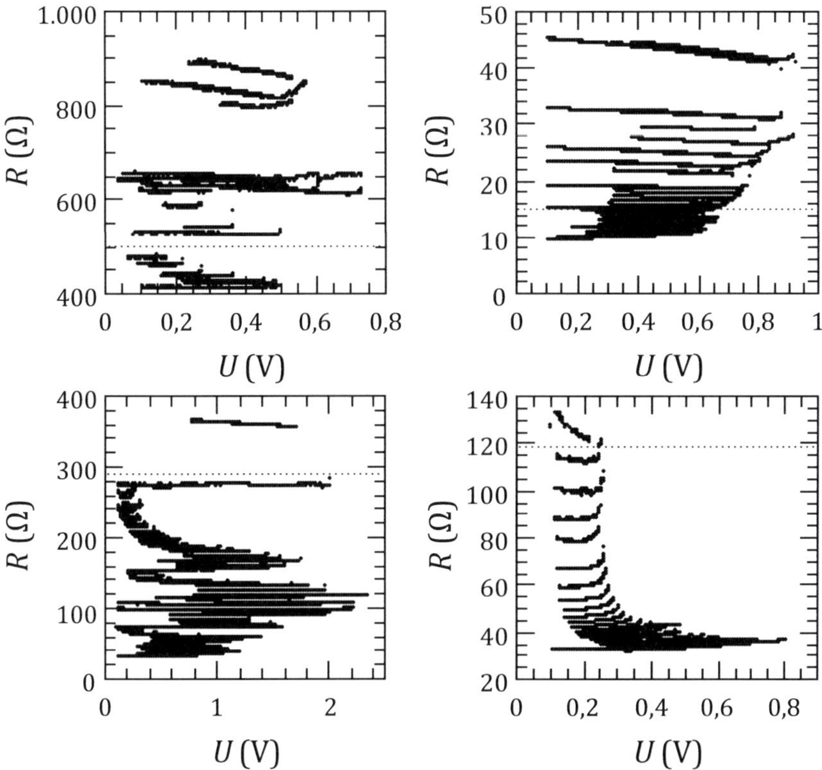

Abbildung 4.15: Gezeigt sind die Messkurven während des Dünnens mit Elektromigration im Ultrahochvakuum an verschiedenen Goldproben. Das Umklappen der Steigungen der $R(U)$-Messzyklen tritt bei unterschiedlichen Widerstandswerten sowohl kontinuierlich als auch von einem Zyklus zum nächsten auf. Die gepunkteten, horizontalen Linien zeigen, wo ein signifikantes Umklappen der Steigung einsetzte.

aufgebracht wurde, konnte im UHV bei Raumtemperatur elektromigriert werden. Nachdem das Umklappen der Steigung im Bereich von $R = 450$–550 Ω aufgetreten war, wurde die Probe weiter bis $R = 900$ Ω gedünnt, bis ein signifikanter Widerstandsabfall um $\Delta R = 200$ Ω im Spannungsbereich von $U = 0{,}05$–$0{,}3$ V auftrat. Nun wurde abwechselnd die Spannung von $0{,}05$ nach $0{,}3$ V und dann in umgekehrter Richtung gefahren (schwarze, rote und hellblaue Kurve in Abb. 4.16). Die Kurven fielen im Bereich des Rauschlevels aufeinander.

Aufgrund dieses Verlaufs kann ein Heizeffekt, der zu einer mechanischen Variation des Abstands der beiden Elektroden führen könnte, ausgeschlossen werden, da unabhängig vom Startwert und der Richtung der Spannungsänderung keine Änderung des Verlaufs der Messkurve festgestellt werden konnte. Außerdem würde ein thermischer oder elektrostatischer Einfluss, bei dem sich die beiden Elektroden des Kontakts relativ zueinander bewegen, im Bereich von wenigen Leitwertquanten zur Ausbildung von Plateaus, ähnlich wie bei Bruchkontaktexperimenten [39], führen.

Die Kurven im Bereich weniger Leitwertquanten zeigten keine Plateaus, sondern kontinuierlich beliebige Werte zwischen ganzzahligen Vielfachen von G_0, weshalb dies den Widerstandsabfall nicht erklären konnte. Auch andere Heizeffekte wurden mit diesem Experiment ausgeschlossen.

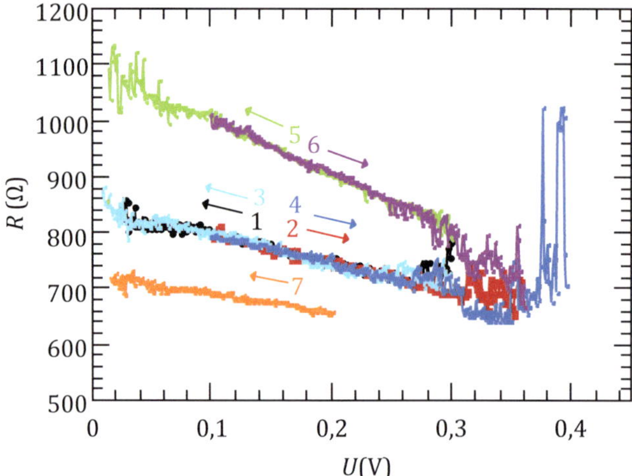

Abbildung 4.16: Negative $R(U)$-Kurvenverläufe bei einer mit Elektronenstrahllithografie hergestellten Aluminiumprobe auf 400 nm Siliziumdioxid [88] bei Raumtemperatur, wobei die Nummerierungen der Messreihenfolge entsprechen. Die Kurven verliefen unabhängig davon, ob sie durch Spannungserhöhung oder -verringerung gemessen wurden, im Intervall von U = 0,05–0,3 V gleich. Im Bereich oberhalb von U = 0,3 V kam es zu Sprüngen im Widerstand, die zu einer Änderung der Steigung und des y-Achsenabschnitts führten.

Bei Erhöhung der Spannung oberhalb von $U = 0{,}3$ V waren sowohl Widerstandssprünge (dunkelblaue und lila Kurve in Abbildung 4.16) als auch Änderungen der Steigung und des y-Achsenabschnitts R_0 in nachfolgenden Zyklen zu beobachten (grüne und orangfarbene Kurve). Eine Veränderung des Kontakts muss dadurch aufgetreten sein. Dabei konnte der Widerstand sowohl ansteigen als auch abfallen, wodurch eine weitere kontrollierte Elektromigration mit sukzessive ansteigendem Widerstand nicht mehr möglich war.

4.4.2 Stromfluss über Vakuumbarrieren

Durch den Elektromigrationsprozess entstehen Unterbrechungen in den Kontakten im Nanometerbereich, wie in Abschnitt 4.3.2 gezeigt. Elektronen können durch thermische Aktivierung, direktem und Fowler-Nordheim-Tunneln von einem Kontakt zum anderen über diese Unterbrechungen gelangen. Dies soll nun im Detail diskutiert werden.

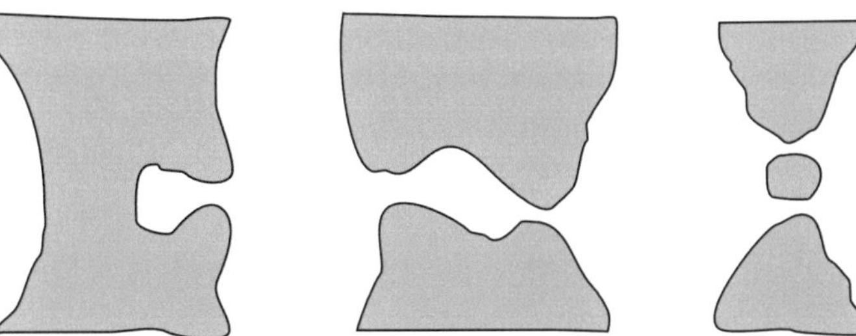

Abbildung 4.17: Kontaktgeometrien, die durch Dünnung mit Elektromigration entstehen können. Parallel zu einem metallischen Kontakt können Kontakte mit kleinen Unterbrechungen auftreten, über die Elektronen durch Tunnelprozesse oder thermische Aktivierung fließen (links). Auch Konfigurationen ohne metallischen Kontakt sind möglich (mitte). Es wurde außerdem berichtet, dass Inseln oder Cluster mit einigen Atomen zwischen den Kontakten (rechts) bei Dünnung durch Elektromigration entstehen [89].

Das Auftreten von Tunnelkontakten parallel zum metallischen Kontakt wurde in [90] berichtet. Diese Gruppe erklärte das Auftreten eines Widerstandsabfalls ab $R = 400$ Ohm bei Spannungen im Bereich von einigen mV mit dem Ausbilden eines Tunnelkontakts.

Üblicherweise liegt der Widerstand von Tunnelkontakten im Bereich von einigen zehn kΩ bis GΩ. Da die Widerstände der gedünnten Brücken im Bereich unterhalb von $G_0^{-1} \approx 13$ kΩ lagen, müssen also entweder noch metallisch verbundene Bereiche oder viele Tunnelkontakte parallel vorgelegen haben.

Um zu überprüfen, ob eine negative Steigung durch eine Parallelschaltung von Tunnelkontakten mit einem metallischen Kontakt möglich ist, wurden theoretische Berechnungen durchgeführt. Für den metallischen Kontakt wurde angenommen, dass sich der Widerstand $R_0 = 1000$ Ω aufgrund von Joulescher Wärme mit der Spannung erhöht. Für die Tunnelkontakte wurde ausgehend von Gleichung 4.2 der Widerstandsverlauf $R_T(U)$ für verschiedene Barrierebreiten d bestimmt. Als Barrierebreiten wurden $d = 1$ nm; 1,1 nm; 1,3 nm; 1,5 nm und 1,7 nm ausgewählt. Über die Kirchhoffsche Regel für Parallelschaltungen wurde dann der Gesamtwiderstandsverlauf $R(U)$ berechnet. Im linken Graph in Abb. 4.18 ist der Kurvenverlauf für einen Tunnelkontakt mit $d = 1$ nm parallel zum metallischen Kontakt aufgetragen. Für kleine Spannungen ist eine negative Steigung zu erkennen, die bei höheren Spannungen in den Verlauf der Erhöhung durch joulesche Wärme des metallischen Kontakts übergeht. Im mittleren Bild wurden drei Tunnelkontakte mit $d = 1$ nm; 1,5 nm und 1,7 nm parallel zum metallischen Kontakt berechnet. Das Minimum in $R(U)$ verschiebt sich zu höheren Spannungen und die negative Steigung ist signifikanter. Im rechten Bild ist die $R(U)$-Kurve von drei Tunnelkontakten mit ähnlichen Barrierebreiten $d = 1$ nm; 1,1 nm und 1,3 nm parallel zum metallischen Kontakt aufgetragen. Im aufgetragenen Intervall ist die Steigung durchgängig negativ. Somit ist gezeigt, dass negative Steigungen durch das Parallelschalten von mehreren Tunnelkontakten zu einem metallischen Kontakt auftreten können. Eine genauere Anpassung ist aber aufgrund der nicht bekannten Kontaktgeometrien nicht möglich. Auch mit einer Konfiguration von mehreren parallel geschalteten Tunnelkontakten ist es möglich, einen Widerstand kleiner 13 kΩ zu erhalten.

Bei Tunnelkontakten unterscheidet man den Bereich für kleine Spannungen, in dem ein direktes Tunneln zwischen den beiden Elektroden auftritt, und den Bereich hoher Spannungen, in dem dies in ein Fowler-Nordheim-Tunneln bzw. in die Feldemission übergeht. Dabei werden Elektronen durch das starke elektrische Feld aus der Kathode extrahiert und können zur Anode gelangen.

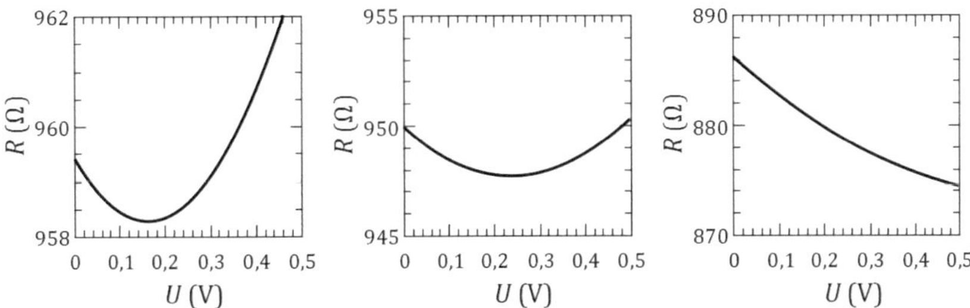

Abbildung 4.18: Theoretisch bestimmte $R(U)$-Verläufe für verschiedene Anordnungen von parallel geschalteten Tunnelkontakten zu einem metallischen Kontakt. Links liegt ein Tunnelkontakt mit einer Barrierebreite d = 1nm vor. Die negative Steigung bei kleinen Spannungen geht in den Widerstandsverlauf der jouleschen Erwärmung mit positiven Steigungen über. Im mittleren Graphen wurden drei Kontakte mit d = 1 nm; 1,5 nm und 1,7 nm berechnet. Das Minimum verschiebt sich zu höheren Spannungen. Rechts wurden für die Berechnung drei Kontakte mit d = 1 nm; 1,1 nm und 1,3 nm angenommen. Der Widerstandsverlauf weist im betrachteten Intervall eine negative Steigung auf.

Für die Ströme bei direktem Tunneln I_T und Fowler-Nordheim-Tunneln I_{FN} gelten [91]:

$$I_T \propto U \exp\left(-\frac{2d\sqrt{2m_e(V_0 - eU)}}{\hbar} \right) \tag{4.2}$$

und

$$I_{FN} \propto U^2 \exp\left(-\frac{4d\sqrt{2m_e(V_0 - eU)^3}}{3\hbar eU} \right) \tag{4.3}$$

mit der angelegten Spannung U, der Barrierebreite d, der Elektronenmasse m_e, dem reduzierten Planckschen Wirkungsquantum $\hbar$ und der effektiven Barrierehöhe $V_0 - eU$.

Bei der Feldemission treten Ströme im Bereich von I = 10^5 A/cm^2 auf, welches 2–3 Größenordnungen unterhalb der typischen Ströme für Elektromigration (I_{EM} $\approx$ 10^8 A/cm^2) liegt und ebenfalls für die Theorie der Tunnelkontakte spricht. Mit Auftragungen von $\ln(I/U^2)$ über $1/U$, den sogenannten Fowler-Nordheim-Darstellungen, werden bei bekannter Geometrie aus den Steigungen der Kurven verschiedene physikalische Größen aus den Fowler-Nordheim-Gleichungen, wie z.B. der Feldüberhöhungsfaktor γ, bestimmt [92]. Fowler-Nordheim-Darstellungen von I(V)-Kennlinien, die während der Elektromigration gewonnen wurden (Abb. 4.19), zeigen einen vergleichbaren Verlauf wie Messungen an Tunnelsystemen [91, 93]. Dabei können Verläufe beobachtet werden, die typisch für direkte Tunnelkontakte (Abb. 4.19 links), sowie an anderen Proben Kurvenverläufe, die typisch für Fowler-Norheimtunnel- bzw. Feldemissionkontakte, sind (Abb. 4.19 rechts).

Bei der Feldemission können durch Interferenz von Elektronen-Wellen in dem Bereich der Potentialstufe, in dem die kinetische Energie der Elektronen größer als die potentielle Energie der Barriere ist (Abb. 4.20 rechts), Oszillationen in der Transmissivität und somit dem Widerstand in Abhängigkeit von der Spannung auftreten [94, 95, 96].

Obwohl Steigungswechsel in diesem Regime auftraten (siehe Abbildung 4.19 rechts im Bereich zwischen 1 und 2 V), konnten diese sogenannten Gundlach-Oszillationen bei den Messungen in dieser Arbeit nicht eindeutig beobachtet werden.

Bei der Feldemission kann Material vom Emitter abgetragen werden. Gleichzeitig treffen beschleunigte Elektronen auf die Anode der Vakuumbarriere und können zum Aufschmelzen der Anode oder zur Sublimation von Material führen. Diese Prozesse führen dazu, dass sich die Vakuumbarriere sprungartig und unkontrolliert vergrößert.

Es wurde berichtet, dass der Elektromigrationsprozess Cluster mit Größen von 18–22 Atomen in Goldkontakten erzeugen kann, die ein Verhalten aufweisen, das typisch für Coulombblockade ist [89]. Bei Strompfaden über kleine Inseln oder Cluster, die nur über Tunnelkontakte verbunden sind, beobachtet man aufgrund der kleinen Kapazitäten C eine Erhöhung des Widerstands für kleine Spannungen, weil es energetisch nicht möglich ist, weitere Ladungen auf die Strukturen zu bringen. Die notwendige Energie E, um eine weitere Ladung auf die Struktur zu bringen ist

$$E = \frac{e^2}{2C} \tag{4.4}$$

Dieses Verhalten bezeichnet man als Coulombblockade.

Extrapoliert man in Abbildung 4.14 den Schnittpunkt der $R(U)$-Kurven mit der x-Achse, so ergibt sich die Spannung für den minimalen Widerstand

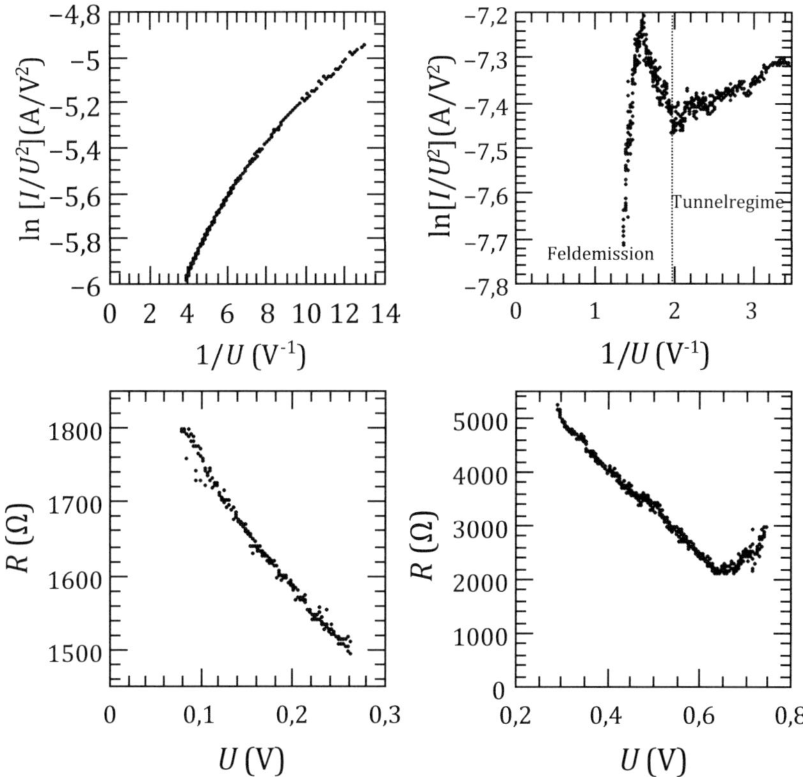

Abbildung 4.19: Oben: Fowler-Nordheim-Darstellungen zweier Zyklen an unterschiedlichen Goldproben. Oben links ist das Verhalten eines typischen Tunnelkontakts zu sehen. Bei der Probe oben rechts findet ein Übergang vom direkten Tunneln zum Fowler-Nordheimtunneln bzw. zur Feldemission statt, analog zu Beobachtungen in der Literatur an Tunnelsystemen [91]. Unten sind die zugehörigen $R(U)$-Verläufe abgebildet.

von ungefähr U_C = 1,5 V. Damit errechnet sich, wenn man von einer Kugel ausgeht, die mit einem Elektron geladen ist, eine Kapazität von ungefähr $C = 1 \cdot 10^{-19}$ F und ein Radius von zirka r = 1 nm. Bei Raumtemperatur ist ein Cluster von wenigen Atomen allerdings im Allgemeinen nicht thermisch stabil.

Das Verhalten der durch Elektromigration erzeugten Strukturen könnte verglichen werden mit dem Verhalten in granularen Filmen, bei denen

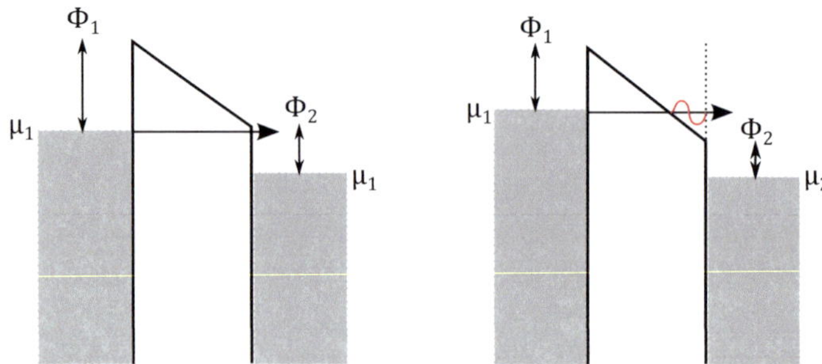

Abbildung 4.20: Schematische Darstellung von Tunnelprozessen zwischen zwei Elektroden, die durch eine Barriere getrennt sind. Für kleine Spannungen findet ein direktes Elektronentunneln statt (links). Bei höheren Spannungen gelangt man in das Feldemissionsregime, in dem durch die Interferenz von Elektronen-Wellen in dem Bereich der Potentialstufe, in dem die kinetische Energie der Elektronen größer als die potentielle Energie der Barriere ist (rote Sinuswelle), Oszillationen in der Transmissivität und somit dem Widerstand in Abhängigkeit von der Spannung auftreten (Gundlach-Oszillationen)[94].

kleine metallische Inseln in einer isolierenden Umgebung vorliegen. Diese Inseln sind über Tunnelkontakte miteinander verbunden, so dass die gleichen elektronischen Transportmechanismen, wie weiter oben für die Nanokontakte beschrieben, auftreten können. Der temperaturabhängige Widerstand $\rho(T)$ solcher Schichten lässt sich beschreiben durch [97]:

$$\rho(T) = \rho_0 e^{2\sqrt{C/k_B T}} \tag{4.5}$$

Dabei sind ρ_0 der spezifische Widerstand und C eine material- und geometrieabhängige Konstante. Die Temperatur der Probe im diffusiven Regime ist aufgrund der Jouleschen Wärme mit der angelegten Spannung über

$$(T^2 - T_o^2) \propto \frac{U^2}{4}$$

korreliert, während bei Kontakten im ballistischen Regime gefunden wurde, dass $T \propto \sqrt{U}$ ist. Es wurde bei einigen Kontakten ein exponentielles Verhalten beobachtet. Bei den meisten trat jedoch ein eher linearer Verlauf der $R(U)$-Kurven auf, was sich nicht mit der Formel 4.5 beschreiben lässt.

4.4.3 Experimente mit Gasatmosphäre

Der Unterschied zwischen Messungen im UHV und unter Raumdruck besteht darin, dass neben den Gasen in der Luft (vorwiegend Stickstoff, Sauerstoff, Argon, Kohlenstoffdioxid und Wasserstoff) die Luftfeuchtigkeit fehlt. Unter Raumdruck ist die Luftfeuchte oft groß genug, dass sich im thermischen Gleichgewicht ein Wasserfilm auf der Oberfläche bilden kann. Diese Möglichkeit ist im Ultrahochvakuum nicht gegeben.

Zur Klärung der Frage, ob die Gase einen Einfluss auf den Elektromigrationsprozess selbst oder auf den entstandenen Kontakt haben, wurden die Proben entweder während des Dünnens mit Elektromigration oder nach Ausbildung der $R(U)$-Kennlinien mit negativen Steigungen verschiedenen Gasen ausgesetzt. Hierzu wurden Goldproben mit Unterätzmasken in situ aufgedampft und im Vakuum elektromigriert. Die Nanobrücken waren 20–30 nm dick, 150–250 nm breit und 500–800 nm lang.

Gaseinlass vor Ausbildung der negativen Steigung

Es wurden drei Proben in Sauerstoffatmosphäre (5 mbar) durch Elektromigration gedünnt (Abb. 4.21). Diese Proben konnten bis höchstens 450 Ω gedünnt werden, bevor sich der Widerstand auf über 60 kΩ erhöhte, wobei eine der Proben keine negativen Steigungen zeigte und bei den anderen im Verlauf des Elektromigrationsprozesses eine Kurve mit negativer $R(U)$-Kennlinie auftrat, die dann in späteren Zyklen nicht mehr beobachtet werden konnte. Diese Experimente zeigen, dass der Sauerstoff einen Einfluss auf die Ausbildung der negativen Steigungen von $R(U)$-Kurven hat und sie teilweise verhindern kann. Allerdings führte er gleichzeitig zu einem frühen Durchbrennen der Kontakte, bevor Bereiche mit niedrigen Leitwertquanten erreicht wurde. Dieses Verhalten ermöglicht somit keine Untersuchung des ballistischen Bereichs.

Gaseinlass nach Ausbildung der negativen Steigung

Es wurden Proben hergestellt und dann mit Elektromigration gedünnt, bis ein Umklappen der Kurvensteigungen eindeutig auftrat. Nun wurden jeweils getrennt Argon, Stickstoff und Sauerstoff mit Partialdrücken von $p = 1 \cdot 10^{-8}$ bis $1 \cdot 10^{-4}$ mbar in die Kammer eingelassen, was keine Veränderung der Messkurven bewirkte. Auch Wasserstoff zeigte bei keiner

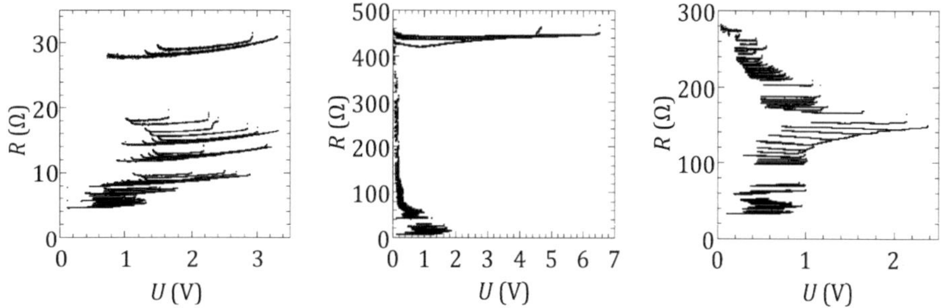

Abbildung 4.21: Elektromigration an drei Goldproben unter einer 5 mbar Sauerstoff-atmosphäre. Eine Dünnung bis in den Bereich weniger Leitwertquanten wurde nicht erreicht. Bei den beiden rechten Proben trat während einiger Zyklen eine negative Steigung auf, die im weiteren Elektromigrationsprozess verschwand.

Probe bis $p = 1 \cdot 10^{-6}$ mbar einen Effekt. Allerdings konnte bei einigen Proben ab $p = 1 \cdot 10^{-5}$ mbar eine Verschiebung der Kurve oder Sprünge im Widerstand beobachtet werden.

Da diese Änderungen nach einer gewissen Zeit auftraten und der Widerstand sowohl erniedrigt als auch erhöht werden konnte, liegt die Vermutung nahe, dass die Wasserstoffmoleküle statistisch in den Kontakt eindringen und dort Änderungen bewirken. Dass nur der Wasserstoff einen Einfluss auf den Kontakt hatte, lässt sich erklären, wenn die Kontakte sehr klein sind, so dass keine größeren Moleküle einzudringen vermögen. Die reproduzierbare Ausbildung der negativen $R(U)$-Kennlinien kann damit nicht erklärt werden.

Rolle der Austrittsarbeit

Es stellt sich die Frage, warum es einen Unterschied zwischen Raumdruck- und Ultrahochvakuumbedingungen gibt. Es ist bekannt, dass die Austrittsarbeit von Metallen durch die Anwesenheit bestimmter Gase geändert wird [98]. Wird durch Gasadsorption auf der Oberfläche die Austrittsarbeit z.B. durch Ausbildung eines Oberflächenoxids erhöht, so wird auch die Wahrscheinlichkeit für einen Tunnelübergang von Elektronen und somit der Beitrag von Tunnelkontakten zum Widerstand einer Nanobrücke geringer.

In der Literatur findet sich für Gold eine Austrittsarbeit ϕ von 4,73–5,26 eV [98, 99]. Es wurde berichtet, dass Wasserstoff eine Erhöhung der Austrittsarbeit um 0,17 eV [100] und Sauerstoff eine Erhöhung von 0,9–1,58 eV [101, 102] bewirken. Soll eine Gasatmosphäre vermieden werden oder ist diese experimentell nicht realisierbar, so würde die Verwendung eines Materials, das eine höhere Austrittsarbeit hat, die Tunnelkontaktbeiträge verringern und die Elektromigration durch den metallischen Kontakt reproduzierbarer machen.

Ebenso könnte die Luftfeuchtigkeit einen Einfluss auf die Austrittsarbeit haben. Wasser fungiert als Dielektrikum zwischen den Tunnelkontakten und erniedrigt die Tunnelwahrscheinlichkeit. Dass die Luftfeuchtigkeit einen Einfluss auf die Elektromigration hat, ist bereits bekannt [103, 104].

Rolle der lokalen Temperaturverteilung

Es ist bekannt, dass die Oxidschichtdicke des Substrats und somit die Wärmeabfuhrleistung einen Einfluss auf die Temperaturverteilung von Nanostrukturen während der Elektromigration haben [105]. Ist die Wärmeabfuhr vom Bereich, an dem die größte Spannung abfällt, klein, ergibt sich eine breite Temperaturverteilung und die Elektromigration findet im gesamten breiten Bereich statt. Dieses führt zu einer größeren Unterbrechung zwischen den beiden Kontakten der Struktur. Sollen Moleküle mit Größen von wenigen Nanometern kontaktiert werden, sind solch große Unterbrechungen nicht ausreichend.

Wird die Wärme jedoch schnell abgeleitet, so dass nur in einem sehr kleinen Bereich die Temperatur für die Elektromigration ausreicht, sollte die Struktur nur in diesem kleinen Intervall gedünnt und somit kleine Unterbrechungen erzeugt werden. Eine gute Wärmeableitung kann sowohl durch ein geeignetes Substrat (z.B. Saphir), einen Wasserfilm auf der Oberfläche oder durch eine geschickte Wahl des Probenlayouts erreicht werden.

Bereits beim EM-Prozess könnte die Luftfeuchtigkeit die entstehende Wärme durch Verdampfen und der damit verbundenen Verdampfungsenthalpie ableiten. Die Probengeometrie könnte auch erklären, warum die Elektromigration der Probe in Abbildung 4.9 im Ultrahochvakuum bis in den Bereich einzelner Leitwertquanten funktioniert hat. Die dreiecksförmigen Zuleitungen ermöglichten zusammen mit der geringen Siliziumdioxidschichtdicke eine gute Wärmeabfuhr, wodurch sich der Riss im Draht nur in der Nähe der dünnsten Stelle ohne eine Rekristallisation der Umgebung ausbilden konnte.

4.5 Ausblick

Zusammenfassend kann festgehalten werden, dass es einen Unterschied des Elektromigrationsprozesses im Ultrahochvakuum und bei Raumdruckbedingungen gibt. Die Ausbildung der negativen Steigungen in $R(U)$-Kurven führt zu Schwierigkeiten bei der kontrollierten Elektromigration, die bei vollständigem Öffnen der Kontakte in ungewollt großen Unterbrechungen resultiert. Für eine einheitliche Erklärung sind verschiedene weiterführende Messungen notwendig.

Durch temperaturabhängige Messungen sollten sowohl thermisch aktiviertes als auch Coulomb-Blockade-Verhalten untersucht werden. Um die Ausbildung negativer Steigungen zu verhindern und die Elektromigration im Ultrahochvakuum zur kontrollierten Herstellung von nanometergroßen Unterbrechungen zu verwenden, sollten in weiterführenden Experimenten Materialien mit einer hohen Austrittsarbeit, einem gut wärmeleitfähigen Substrat und einer geeigneten Probengeometrie untersucht werden.

5 Zusammenfassung

In dieser Arbeit wurden metallische Kontakte aus Gold, Platin, Palladium und Aluminium durch Elektronenstrahllithografie oder Bedampfen durch eine Maske sowie kontrollierte Elektromigration im Ultrahochvakuum hergestellt und mittels Rastersondenmethoden charakterisiert.

Es wurde gezeigt, dass auf durch Elektronenstrahllithografie hergestellten Proben selbst nach Reinigung noch organische Reste auf den metallischen Filmen vorhanden waren. Diese führen bei Abbildung der Probenoberfläche mit dem Rastertunnelmikroskop (RTM) zu Ablagerungen von Kohlenstoff bzw. Kohlenstoffderivaten auf Platin und Silizium im abgerasterten Bereich. Die Menge des abgeschiedenen Materials hängt sowohl von der Anzahl der Rastertunnelmessungen als auch von der Tunnelspannung ab. Ablagerungsschichten von bis zu 10 nm Dicke konnten durch fünf aufeinanderfolgende RTM-Messungen erzeugt werden.

Diese organischen Reste können Auswirkungen auf die elektronischen Eigenschaften der Strukturen bei weiterer Reduktion der Strukturgrößen haben. Dies ist vor allem für die industrielle Chipfabrikation relevant, bei der die Elektronenstrahllithografie eine standardisierte Herstellungsmethode ist. Auch bei der Realisierung der Kontaktierung einzelner Moleküle in der molekularen Elektronik muss dies berücksichtigt werden, sofern die Elektronenstrahllithografie eingesetzt wird.

Für die kontaminationsfreie Untersuchung der Elektromigration im Ultrahochvakuum wurde ein modulares Probenhaltersystem weiterentwickelt, das in einer neu aufgebauten UHV-Kammer sowohl das Aufsetzen von Masken zur Schattenbedampfung als auch das Kontaktieren der hergestellten Proben für Transportmessungen in situ ermöglicht. Zunächst wurden nanostrukturierte Masken mit fokussiertem Ionenstrahl hergestellt. Diese dienten zusammen mit einer verbesserten Positionierung im UHV zur Herstellung von Nanobrücken, die frei von Kontaminationen durch organische Lösungsmittel waren. Dies ist eine Grundvoraussetzung für hochreine Anwendungen auf der unteren Nanometerskala in Forschung und Industrie.

Es wurden metallische Brücken mit Breiten von 300-500 nm durch Maskenbedampfung im Ultrahochvakuum hergestellt und mit Hilfe einer rechnergesteuerten Regelung durch Elektromigration kontrolliert gedünnt. Zwischen den Elektromigrationszyklen wurde die Morphologie der Brücken mit Hilfe der Rastersondenmikroskopie beobachtet. Die beste Auflösung bei diesen typischerweise zwischen 20 und 30 nm dicken Brücken betrug 3 nm im Rasterkraftmikroskop. Die Messergebnisse belegen, dass der Nanokontakt durch den Strom zunächst großflächig geheizt wird. Im weiteren Verlauf des Elektromigrationsprozesses fließt der Strom nur noch durch wenige kleine Kontakte, die eine geringere Leistung für die Elektromigration benötigen. Der Leitwert zeigt eindeutige Plateaus, wobei die Plateauwerte nicht ausschließlich mit ganzzahligen Leitwertquanten auftraten.

Nach einigen Zyklen trat ein Abfall des Widerstands mit zunehmender Spannung auf. Dies wurde nicht beobachtet, wenn die Elektromigration an Luft durchgeführt wurde. Der Einfluss der Gasatmosphäre auf dieses Verhalten konnte durch gezielte Experimente unter kontrollierter Wasserstoff- oder Sauerstoffatmosphäre gezeigt werden. Als Ursache für dieses Verhalten werden Tunnelkontakte vermutet, die sich parallel zum metallischen Kontakt ausbilden. Abhängig von der Spannung werden durch direktes Tunneln, Fowler-Nordheim-Tunneln oder Feldemission neue Stromkanäle verfügbar, wodurch sich der Widerstand im Kontakt verringert. Die Gas- und Feuchtigkeitsadsorption unter Normaldruckbedingungen erhöht die Austrittsarbeit der verwendeten Metalle, so dass dieser Effekt vermutlich deswegen dort nicht beobachtet werden kann.

In Zukunft wären temperaturabhängige Versuche an diesen Strukturen interessant, um thermisch aktiviertes und Coulomb-Blockade-Verhalten zu untersuchen. Weiterhin könnte die Abbildung der lokalen Austrittsarbeitsunterschiede mit dem Rasterkraftmikroskop (Kelvin Probe) die genaue Lokalisierung der jeweiligen Kontaktpositionen ermöglichen.

Abstract

In the framework of this thesis, metallic contacts (Au, Pd, Pt and Al) were fabricated by e-beam lithography or shadow evaporation and thinned by controlled electromigration in ultra-high vacuum. The contacts were characterized before, during, and after electromigration by scanning-probe methods.

It has been shown that organic remnants are still present on surfaces of samples prepared by e-beam lithography, even after extensive cleaning. An aggregation of carbon or carbon derivatives on platinum and natively oxidized silicon surfaces during scanning tunneling microscopy measurements in ultra-high vacuum could be observed. By imaging the aggregated layer with STM as well as scanning electron microscopy (SEM) it has been shown, that the amount of the aggregated material increases with the number of STM scans and with the tunneling voltage. Film thicknesses of up to 10 nm with five successive STM scans of the same area have been obtained. It is possible that these organic remnants will have an effect on the electronic transport properties when the sizes of the structures will be further decreased. This is of significant importance for the computer-chip industry, since e-beam lithography is a standard fabrication technique. This finding has to be especially taken into account when using e-beam lithography for tailoring nanometer-sized contacts for molecules in the research field of molecular electronics.

In order to conduct investigations of the electromigration process without contaminations, a modular sample holder setup has been improved. This setup permits to apply masks for shadow evaporation, as well as contacting the evaporated structures for electronic transport measurements in ultra-high vacuum.

Nanostructured masks were fabricated with focused-ion-beam milling. Using the advantages of the improved mask alignment in UHV, nanobridge structures free of contaminations were prepared with these masks. This is the basic requirement for applications on the nanometer scale in research and industry.

Nanobridges were prepared by shadow evaporation in ultra-high vacuum and thinned by computer-controlled electromigration. Between the electromigration cycles scanning-probe techniques were applied to investigate the morphology changes. The best resolution which could be achieved with scanning force microscopy on 20-30 nm thick nanobridges was about 3 nm.

The measurements confirm that in the beginning of the process the whole nanocontact is heated with an broad temperature distribution. In the further course of electromigration, when only small areas maintain an electrical contact, less power is needed to continue the electromigration process.

The conductance G shows plateaus, which are not necessarily equivalent to integer values of the conductance quantum G_0. The electromigration process in UHV showed a negative slope in voltage-dependent resistances curves after several cycles. This has not been observed in measurements conducted under ambient conditions so far. Exposing the samples to oxygen and hydrogen gas during and after the negative slope formation showed some effect, but did not prevent it from occuring.

It is presumed that the origins of this effect are vacuum gaps, which are formed parallel to the metallic contacts during the electromigration process. Direct tunneling, Fowler-Nordheim tunneling or field-emission depending on the voltage range open new current paths, which reduces the resistance when increasing the voltage. The work function of the metals is increased in air due to gas adsorption and humiditiy. Thus this effect can possibly only be seen in ultra-high vacuum conditions.

In the future temperature dependent measurements should be performed in order to investigate a possibly thermally activated and coulomb blockade behaviour. Imaging the nanocontacts with Kelvin-probe AFM will help to identify local work-function differences and thus enable to locate the small contacts in the slit.

A Physik der Elektromigration

In Kapitel 3 wurde bereits erwähnt, dass sich der Ionenstrom j_i mit der Anzahldichte der Ionen n_i, der Ionenmobilität μ_i und dem elektrischen Feld E durch

$$j_i = n_i e Z^\star \mu E \tag{A.1}$$

beschreiben lässt. Dabei ist $Z^\star$ eine dimensionslose Materialkonstante, die zusammen mit der Elementarladung e als effektive Ladung der Ionen gesehen werden kann. Diese bewirkt je nach Vorzeichen eine Ionenbewegung in Richtung oder entgegen dem Elektronenstrom. $Z^\star$ beinhaltet sowohl elektrostatische Beiträge als auch Beiträge durch den Impulsübertrag durch den Elektronenstrom, dem Elektronenwind. Ausführliche Beschreibungen finden sich in [106] und [107].

Ein Versuch Formel A.1 mit klassischer Drude-Theorie herzuleiten findet sich in [21]. Diese Herleitung ergibt jedoch aufgrund der stark vereinfachten Annahmen des Drude-Modells andere Werte für $Z^\star$, als dies mit genaueren Rechnungen der Fall ist. Da aber die grundlegenden physikalischen Größen und ihre Abhängigkeiten darin anschaulich erklärt werden, soll diese Herleitung hier kurz wiedergegeben werden.

Im Drude-Modell wird von einem Streuprozess der Leitungselektronen mit Ionen an Defektstellen ausgegangen. Bei einem zentralen Stoß eines Elektrons mit einem Ion findet ein Impulsübertrag auf das Ion mit gleichzeitiger Umkehr des Elektronenimpulses statt. Daraus resultiert eine Reibungskraft auf das Ion in Richtung des Elektronenflusses

$$F_e = \frac{2 m_e \langle \mathbf{v} \rangle}{\tau} \tag{A.2}$$

mit der Elektronenmasse m_e, der mittleren Geschwindigkeit der Elektronen $\langle \mathbf{v} \rangle$ und der mittleren Zeit zwischen zwei Stößen τ.

Aus der klassischen Transporttheorie ergibt sich die Elektronenstromdichte j_e mit der Dichte der Leitungselektronen n zu

$$j_e = ne\langle \mathbf{v} \rangle \tag{A.3}$$

Durch die Eliminierung von $\langle \mathbf{v} \rangle$ ergibt sich für die Kraft durch den Impulsübertrag der Elektronen auf die Ionen

$$F_e = \frac{2m_e}{ne\tau} j_e = C j_e \tag{A.4}$$

Aus diesen Überlegungen lässt sich der Ionenstrom herleiten. Unter Verwendung der Ionengeschwindigkeit

$$v_i = \mu F_e \tag{A.5}$$

und kann die Ionenmobilität μ mit der aus dem Elektronenimpulsübertrag resultierenden Ionenstromdichte j_i^e und der Dichte der für den Transport verfügbaren Ionen n_i geschrieben werden als

$$\mu = \frac{j_i^e}{eF_e n_i} \tag{A.6}$$

Die Ionenmobilität μ und der Ionendiffusionskoeffizient D sind über die Nernst-Einsteingleichung verknüpft

$$\frac{D}{\mu} = \frac{k_B T}{e} \tag{A.7}$$

Mit der Boltzmannkonstante k_B, der materialabhängigen Konstante D_0, der Temperatur T und der Aktivierungsenergie für den Ionentransport E_A ergibt sich der Ionendiffusionskoeffizient D zu

$$D = D_0 \exp\frac{-E_A}{k_B T} \tag{A.8}$$

Somit lässt sich j_i^e schreiben zu

$$j_i^e = \frac{e^2 D n_i}{k_B T} F_e \tag{A.9}$$

Aus Gleichung A.4 folgt, dass die Kraft auf die Ionen F_e proportional zur Elektronenstromdichte j_e ist. Damit kann man unter Verwendung des Ohmschen Gesetzes $j_e = \sigma E$ schreiben als

$$j_i^e = \frac{e^2 D n_i C}{k_B T} \sigma E \tag{A.10}$$

mit dem elektrischen Feld E und der elektrischen Leitfähigkeit σ.
Neben dem Ionenstrom aufgrund des Impulsübertrags durch die Elektronen, erzeugt das elektrische Feld einen Ionenstrom in entgegengesetzter Richtung. Dieser ergibt sich zu

$$j_i^{EF} = e n_i \mu E = \frac{e^2 n_i D E}{k_B T} \tag{A.11}$$

Der gesamte Ionenstrom ergibt sich somit zu

$$j_i = j_i^e - j_i^{EF} = n_i e (C\sigma - 1) \left(\frac{eD}{k_B T} \right) E = n_i e Z^\star \mu E \tag{A.12}$$

Hierbei ist der Ausdruck für $Z^\star$ aufgrund der stark vereinfachten Annahmen der Drude-Theorie abweichend von den exakteren Ergebnissen in der Literatur [106, 107]. Zum Beispiel können die Leitungselektronen nicht als frei betrachtet werden. Geht man über zur Beschreibung der Elektronen als Fermigas, dann muss die effektive Masse der Elektronen berücksichtigt werden. Es nehmen außerdem nicht mehr alle Elektronen am Ladungstransport teil, sondern nur die in der Nähe der Fermikante. Auch der tatsächliche Streuquerschnitt wird in dieser einfachen Herleitung nicht berücksichtigt, sondern es wird nur von zentralen, elastischen Stößen ausgegangen.

B Rastertunnelspitzenpräparation

Die metallischen Spitzen für die Rastertunnelmikroskopie werden in den meisten Fällen vor Ort hergestellt. Während weiche Goldspitzen einfach mit einem Skalpell und Platinspitzen unter Zug aus einem Draht mit einer Schere zugeschnitten werden können, wird für Wolframspitzen ein nasschemisches Ätzen verwendet. Da die Wolframspitzen an Luft oxidieren und somit auf der Oberfläche eine für das Tunneln schlechte Leitfähigkeit aufweisen, müssen Oxidschicht und Verunreinigungen durch den Herstellungsprozess im Ultrahochvakuum durch Elektronenstrahlheizung und Argonsputtern entfernt werden.

Für Untersuchungen von flachen Oberflächen mit kleinen Korrugationen werden die Spitzen oftmals durch die Elektronenstrahlheizung aufgeschmolzen, um sicherzustellen, dass kein Oxid mehr vorhanden ist. Beim Aufschmelzen der Spitze wird diese, wie in Rasterelektronenmessungen zu sehen ist, stark verbreitert, was sich als ungeeignet für die Strukturen in dieser Arbeit herausgestellt hatte.

Die Herstellung der für die Rastertunnelmessungen verwendeten Spitzen erfolgte nach der Parameterbestimmung durch folgendes Verfahren. Der 38 μm-dicke Draht wurde zunächst in eine 5 molare KOH-Lösung 2 mm tief eingetaucht und dann 0,5 mm zurückgezogen, damit sich durch die Adhäsionskräfte ein Meniskus am Draht bildete. Dann wurde eine Spannung von 2 V zwischen Draht und einer ringförmigen Edelstahldrahtelektrode angelegt und der Strom gemessen (ca. 20 mA). Der Ätzprozess verlief gleichmäßig um den Draht herum im Meniskus statt, so dass der Draht an dieser Stelle abgeätzt wurde. Durch die Ätzelektronik wurde die Änderung des Ätzstroms über die Zeit gemessen. Sobald der untere Teil der Spitze abfiel, gab es einen Sprung im Strom und die Spannung wurde abgeschaltet. Dann wurde die Spitze mit destilliertem Wasser vom KOH gereinigt und in das Ultrahochvakuum eingeschleust. Dort wurde die Spitze mehrfach erst 5 Minuten mit Argonionen gesputtert und dann mit der Elektronenstrahlheizung 30–60 Minuten weit unter dem Schmelzpunkt ausgeheizt. Eine solch erzeugte Spitze ist in Abbildung B.1 zu sehen. Der

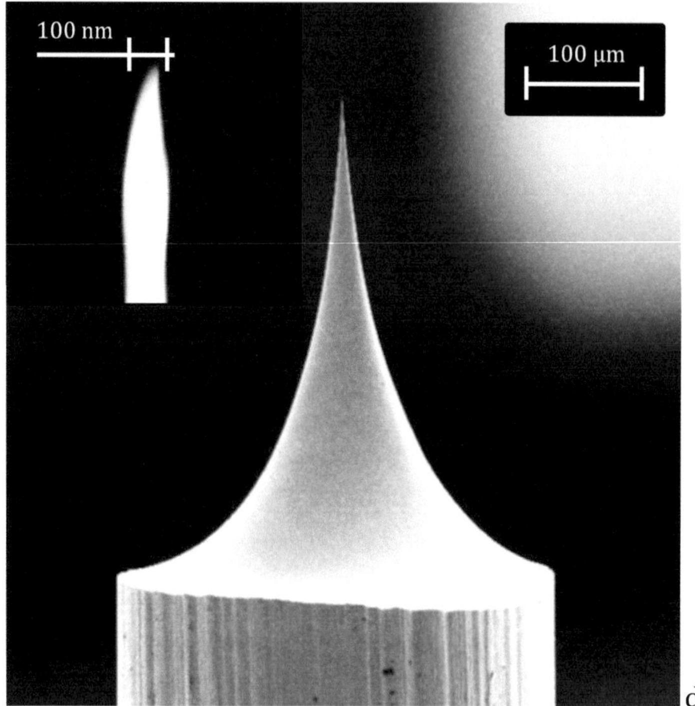

Abbildung B.1: REM-Bild einer Rastertunnelmikroskopspitze, die durch nass-chemisches Ätzen und anschließendem in situ Sputtern und Elektronenstrahlheizen präpariert wurde. Die tannenbaumförmige Geometrie hat sich als stabilste Variante herausgestellt. Das Ende der Spitze in der Vergrößerung läuft im vorderen Bereich steil zu, so dass ein Durchmesser kleiner als 30 nm über eine Länge von 30–50 nm gegeben ist.

Spitzendurchmesser liegt bei maximal 100 nm auf einer Länge von ebenfalls 100 nm. Der für die Messung an den Nanobrücken relevante Bereich ist kleiner als 30 nm über eine Länge von 30–50 nm.

Literatur

[1] G. E. Moore. „Cramming more components onto integrated circuits“. *Electronics* **38** (1965), S. 8.

[2] A. Aviram und A. Ratner. „Molecular rectifiers“. *Chem. Phys. Lett.* **29**.2 (1974), S. 277 –283. DOI: `10.1016/0009-2614(74)8503 1-1`.

[3] J. Reichert, R. Ochs, D. Beckmann u. a. „Driving Current through Single Organic Molecules“. *Phys. Rev. Lett.* **88** (2002), S. 176804. DOI: `10.1103/PhysRevLett.88.176804`.

[4] G. Binnig, H. Rohrer, Ch. Gerber u. a. „Surface Studies by Scanning Tunneling Microscopy“. *Phys. Rev. Lett.* **49**.1 (1982), S. 57–61. DOI: `10.1103/PhysRevLett.49.57`.

[5] G. Binnig, C. F. Quate und Ch. Gerber. „Atomic Force Microscope“. *Phys. Rev. Lett.* **56**.9 (1986), S. 930–933. DOI: `10.1103/PhysRev Lett.56.930`.

[6] D. R. Strachan, D. E. Smith, D. E. Johnston u. a. „Controlled fabrication of nanogaps in ambient environment for molecular electronics“. *Appl. Phys. Lett.* **86**.4, 043109 (2005), S. 043109. DOI: `10.1063/1. 1857095`.

[7] F. O. Hadeed und C. Durkan. „Controlled fabrication of 1–2 nm nanogaps by electromigration in gold and gold-palladium nanowires“. *Appl. Phys. Lett.* **91**.12, 123120 (2007), S. 123120. DOI: `10.1063/ 1.2785982`.

[8] J. Park, A. N. Pasupathy, J. I. Goldsmith u. a. „Coulomb blockade and the Kondo effect in single-atom transistors“. *Nature* **417** (2002), S. 722. DOI: `10.1038/nature00791`.

[9] M. Knoll und E. Ruska. „Beitrag zur geometrischen Elektronenoptik. I“. *Ann. Phys.* **404**.5 (1932), S. 607–640. DOI: `10.1002/andp.1932 4040506`.

[10] M. Morita, T. Ohmi, E. Hasegawa u. a. „Growth of native oxide on a silicon surface". *J. Appl. Phys.* **68** (1990), S. 1272. DOI: `10.1063/1.347181`.

[11] T. Hoss, C. Strunk, C. Sürgers u. a. „UHV compatible nanostructuring technique for mesoscopic hybrid devices: application to superconductor/ferromagnet Josephson contacts". *Physica E: Low-dimensional Systems and Nanostructures* **14**.3 (2002), S. 341 –345. DOI: `10.1016/S1386-9477(01)00168-0`.

[12] R. Lüthi, R. R. Schlittler, J. Brugger u. a. „Parallel nanodevice fabrication using a combination of shadow mask and scanning probe methods". *Appl. Phys. Lett.* **75** (1999), S. 1314. DOI: `10.1063/1.124679`.

[13] J. Brugger, J. W. Berenschot, S. Kuiper u. a. „Resistless patterning of sub-micron structures by evaporation through nanostencils". *Microelectron. Engin.* **53** (2000), S. 403–405. DOI: `10.1016/S0167-9317(00)00343-9`.

[14] P. Zahl, M. Bammerlin, G. Meyer u. a. „All-in-one static and dynamic nanostencil atomic force microscopy/scanning tunneling microscopy system". *Rev. Sci. Instrum.* **76** (2005), S. 023707. DOI: `10.1063/1.1852925`.

[15] S. Fostner, S. A. Burke, J. Topple u. a. „Silicon nanostencils with integrated support structures". *Microelectron. Engin.* **87**.4 (2010), S. 652 –657. DOI: `10.1016/j.mee.2009.09.004`.

[16] C. Gärtner, R. Hoffmann, F. Pérez-Willard u. a. „Fully ultrahigh-vacuum-compatible fabrication of submicrometer-spaced electrical contacts". *Rev. Sci. Instrum.* **77** (2006), S. 026101. DOI: `10.1063/1.2163973`.

[17] H. J. Hug, B. Stiefel, P. J. A. van Schendel u. a. „A low temperature ultrahigh vaccum scanning force microscope". *Rev. Sci. Instrum.* **70** (1999), S. 3625. DOI: `10.1063/1.1149970`.

[18] K. E. Schwarz. „Elektrolytische Wanderung in flüssigen und festen Metallen". *Zeitschr. Elektrochem. angew. phys. Chem.* **46**.3 (1940), S. 247–247. DOI: `10.1002/bbpc.19400460338`.

[19]   N. Agraït, A. L. Yeyati und J. M. van Ruitenbeek. „Quantum properties of atomic-sized conductors". *Phys. Rep.* **377**.2-3 (2003), S. 81 –279. DOI: `10.1016/S0370-1573(02)00633-6`.

[20]   C. Durkan und M. E. Welland. „Analysis of failure mechanisms in electrically stressed gold nanowires". *Ultramicroscopy* **82**.1-4 (2000), S. 125 –133. DOI: `10.1016/S0304-3991(99)00133-3`.

[21]   A. Christou, Hrsg. *Electromigration and Electronic Device Degradation.* John Wiley & Sons, 1994. ISBN: 0-471-58489-4.

[22]   B. Selikson. „Void formation failure mechanisms in integrated circuits". *Proc. IEEE* **57**.9 (1969), S. 1594 –1598. DOI: `10.1109/PROC.1969.7341`.

[23]   B. Stahlmecke, F.-J. Meyer zu Heringdorf, L. I. Chelaru u. a. „Electromigration in self-organized single-crystalline silver nanowires". *Appl. Phys. Lett.* **88**.5, 053122 (2006), S. 053122. DOI: `10.1063/1.2172012`.

[24]   B. Gao, E. A. Osorio, K. Babaei Gaven u. a. „Three-terminal electric transport measurements on gold nano-particles combined with ex situ TEM inspection". *Nanotechnology* **20**.41 (2009), S. 415207. DOI: `10.1088/0957-4484/20/41/415207`.

[25]   S. H. Kuo und K. L. Lin. „Recrystallization under electromigration of a solder alloy". *J. Appl. Phys.* **106**.2, 023514 (2009), S. 023514. DOI: `10.1063/1.3174382`.

[26]   K. S. Ralls, D. C. Ralph und R. A. Buhrman. „Individual-defect electromigration in metal nanobridges". *Phys. Rev. B* **40**.17 (1989), S. 11561–11570. DOI: `10.1103/PhysRevB.40.11561`.

[27]   P. S. Ho und J. K. Howard. „Grain-boundary solute electromigration in polycrystalline films". *J. Appl. Phys.* **45**.8 (1974), S. 3229–3233. DOI: `10.1063/1.1663763`.

[28]   J. Park, A. N. Pasupathy, J. I. Goldsmith u. a. „Coulomb blockade and the Kondo effect in single-atom transistors". English. *NATURE* **417**.6890 (2002), 722–725. DOI: `{10.1038/nature00791}`.

[29]   J. Park, A. N. Pasupathy, J. I. Goldsmith u. a. „Wiring up single molecules". *Thin Solid Films* **438-439** (2003), S. 457 –461. DOI: `10.1016/S0040-6090(03)00805-8`.

[30] H. Park, A. K. L. Lim, A. P. Alivisatos u. a. „Fabrication of metallic electrodes with nanometer separation by electromigration". *Appl. Phys. Lett.* **75**.2 (1999), S. 301–303. DOI: DOI:10.1063/1.124354.

[31] M. L. Trouwborst, S. J. van der Molen und B. J. van Wees. „The role of Joule heating in the formation of nanogaps by electromigration". *J. Appl. Phys.* **99**.11, 114316 (2006), S. 114316. DOI: 10.1063/1.2 203410.

[32] J. R. Black. „Electromigration failure modes in aluminum metallization for semiconductor devices". *Proc. IEEE* **57**.9 (1969), S. 1587 – 1594. DOI: 10.1109/PROC.1969.7340.

[33] L. Berenbaum und R. Rosenberg. „Surface topology changes during electromigration in metallic thin film stripes". *Thin Solid Films* **4**.3 (1969), S. 187 –204. DOI: 10.1016/0040-6090(69)90035-2.

[34] I. A. Blech und E. Kinsbron. „Electromigration in thin gold films on molybdenum surfaces". *Thin Solid Films* **25**.2 (1975), S. 327 –334. DOI: 10.1016/0040-6090(75)90052-8.

[35] R.E. Hummel und H.J. Geier. „Activation energy for electrotransport in thin silver and gold films". *Thin Solid Films* **25**.2 (1975), S. 335 –342. DOI: 10.1016/0040-6090(75)90053-X.

[36] G. Esen und M. S. Fuhrer. „Temperature control of electromigration to form gold nanogap junctions". *Appl. Phys. Lett.* **87**.26 (2005), S. 263101. DOI: 10.1063/1.2149174.

[37] E. Scheer, P. Joyez, D. Esteve u. a. „Conduction Channel Transmissions of Atomic-Size Aluminum Contacts". *Phys. Rev. Lett.* **78**.18 (1997), S. 3535–3538. DOI: 10.1103/PhysRevLett.78.3535.

[38] T. Böhler, J. Grebing, A. Mayer-Gindner u. a. „Mechanically controllable break-junctions for use as electrodes for molecular electronics". *Nanotechnology* **15**.7 (2004), S465. DOI: 10.1088/0957-4484/15/7/054.

[39] M. Müller, R. Montbrun, M. Marz u. a. „Switching the Conductance of Dy Nanocontacts by Magnetostriction". *Nano Lett.* **11**.2 (2011), S. 574–578. DOI: 10.1021/nl103574m.

[40] K. O'Neill, E. A. Osorio und H. S. J. van der Zant. „Self-breaking in planar few-atom Au constrictions for nanometer-spaced electrodes". *Appl. Phys. Lett.* **90**.13, 133109 (2007), S. 133109. DOI: `10.1063/1.2716989`.

[41] I. K. Yanson, O. I. Shklyarevskii, Sz. Csonka u. a. „Atomic-Size Oscillations in Conductance Histograms for Gold Nanowires and the Influence of Work Hardening". *Phys. Rev. Lett.* **95**.25 (2005), S. 256806. DOI: `10.1103/PhysRevLett.95.256806`.

[42] Z. M. Wu, M. Steinacher, R. Huber u. a. „Feedback controlled electromigration in four-terminal nanojunctions". *Appl. Phys. Lett.* **91**.5, 053118 (2007), S. 053118. DOI: `10.1063/1.2760150`.

[43] C. J. Muller, J. M. van Ruitenbeek und L. J. de Jongh. „Experimental observation of the transition from weak link to tunnel junction". *Physica C: Superconductivity* **191**.3-4 (1992), S. 485 –504. DOI: `10.1016/0921-4534(92)90947-B`.

[44] J. M. van Ruitenbeek, A. Alvarez, I. Pineyro u. a. „Adjustable nanofabricated atomic size contacts". *Rev. Sci. Instrum.* **67**.1 (1996), S. 108 –111. DOI: `10.1063/1.1146558`.

[45] D. R. Strachan, D. E. Smith, M. D. Fischbein u. a. „Clean Electromigrated Nanogaps Imaged by Transmission Electron Microscopy". *Nano Lett.* **6**.3 (2006), S. 441–444. DOI: `10.1021/nl052302a`.

[46] H. B. Heersche, G. Lientschnig, K. O'Neill u. a. „In situ imaging of electromigration-induced nanogap formation by transmission electron microscopy". *Appl. Phys. Lett.* **91**.7 (2007), S. 072107. DOI: `10.1063/1.2767149`.

[47] D. R. Strachan, D. E. Johnston, B. S. Guiton u. a. „Real-Time TEM Imaging of the Formation of Crystalline Nanoscale Gaps". *Phys. Rev. Lett.* **100**.5 (2008), S. 056805. DOI: `10.1103/PhysRevLett.100.056805`.

[48] L. Cockins, Y. Miyahara, S. D. Bennett u. a. „Energy levels of few-electron quantum dots imaged and characterized by atomic force microscopy". *Proc. Nat. Acad. Sci* **107** (2010), S. 9496. DOI: `10.1073/pnas.0912716107`.

[49] O. Johari, Hrsg. *Measurement of SEM parameters.* Proceedings of the 7th SEM Symposium. pp. 327–334. IITRI, Chicago. D. C. Joy, 1974.

[50] G. F. Lorusso und D. C. Joy. „Experimental resolution measurement in critical dimension scanning electron microscope metrology". *Scanning* **25**.4 (2003), S. 175. ISSN: 1932-8745. DOI: `10.1002/sca.49` `50250403`.

[51] A. L. Robinson. „Atomic-Resolution TEM Images of Surfaces". *Science* **230**.4723 (1985), S. 304–306. DOI: `10.1126/science.230.` `4723.304`.

[52] P. D. Nellist, M. F. Chisholm, N. Dellby u. a. „Direct Sub-Angstrom Imaging of a Crystal Lattice". *Science* **305**.5691 (2004), S. 1741. DOI: `10.1126/science.1100965`.

[53] R. Young, J. Ward und F. Scire. „Observation of Metal-Vacuum-Metal Tunneling, Field Emission, and the Transition Region". *Phys. Rev. Lett.* **27**.14 (1971), S. 922–924. DOI: `10.1103/PhysRevLett.2` `7.922`.

[54] R. Young, J. Ward und F. Scire. „The Topografiner: An Instrument for Measuring Surface Microtopography". *Rev. Sci. Instrum.* **43**.7 (1972), S. 999–1011. DOI: `10.1063/1.1685846`.

[55] J. Li, W.-D. Schneider, R. Berndt u. a. „Electron Confinement to Nanoscale Ag Islands on Ag(111): A Quantitative Study". *Phys. Rev. Lett.* **80**.15 (1998), S. 3332. DOI: `10.1103/PhysRevLett.80.3` `332`.

[56] M. F. Crommie, C. P. Lutz und D. M. Eigler. „Confinement of Electrons to Quantum Corrals on a Metal Surface". *Science* **262**.5131 (1993), S. 218–220. DOI: `10.1126/science.262.5131.218`.

[57] E. Meyer, H.-J. Hug und R. Bennewitz. *Scanning Probe Microscopy - The Lab on a Tip*. Springer Berlin / Heidelberg, 2003. ISBN: 3-540-43180-2.

[58] R. Wiesendanger. *Scanning Probe Microscopy and Spectroscopy - Methods and Applications*. Cambridge University Press, 1994. ISBN: 0-521-42847-5.

[59] B. S. Swartzentruber, Y.-W. Mo, M. B Webb u. a. „Scanning tunneling microscopy studies of structural disorder and steps on Si surfaces". *J. Vac. Sci. Tech. A* **7** (1989), S. 2901 –2905. ISSN: 0734-2101. DOI: `10.1116/1.576167`.

[60] L. Kuipers, M. S. Hoogeman, J. W. M. Frenken u. a. „Step and kink dynamics on Au(110) and Pb(111) studied with a high-speed STM". *Phys. Rev. B* **52** (1995), S. 11387. DOI: `10.1103/PhysRevB.52.11387`.

[61] N. Miura, T. Numaguchi, A. Yamada u. a. „Single-electron tunneling through amorphous carbon dots array". *Jpn. J. Appl. Phys.* **36** (1997), S. L1619. DOI: `10.1143/JJAP.36.L1619`.

[62] N. Miura, T. Numaguchi, A. Yamada u. a. „Room Temperature Operation of Amorphous Carbon-Based Single-Electron Transistors Fabricated by Beam-Induced Deposition Techniques". *Jpn. J. Appl. Phys.* **37** (1998), S. L423. DOI: `10.1143/JJAP.37.L423`.

[63] H. W. P. Koops, R. Weiel, D. P. Kern u. a. „High-resolution electron-beam induced deposition". *J. Vac. Sci. Tech. B* **6** (1988), S. 477. DOI: `10.1116/1.584045`.

[64] H. Rauscher, F. Behrendt und R. J. Behm. „Fabrication of surface nanostructures by scanning tunneling microscope induced decomposition of SiH_4 and SiH_2Cl_2". *J. Vac. Sci. Tech. B* **15** (1997), S. 1373. DOI: `10.1116/1.589541`.

[65] M. Baba und S. Matsui. „Nanostructure Fabrication by Scanning Tunneling Microscope". *Jpn. J. Appl. Phys.* **29** (1990), S. 2854. DOI: `10.1143/JJAP.29.2854`.

[66] E. E. Ehrichs, S. Yoon und A. L. de Lozanne. „Direct writing of 10 nm features with the scanning tunneling microscope". *Journal of Applied Physics* **53** (1988), S. 2287. DOI: `10.1063/1.100255`.

[67] H. J. Mamin, S. Chiang, H. Birk u. a. „Gold deposition from a scanning tunneling microscope tip". *J. Vac. Sci. Tech. B* **9** (1991), S. 1398. DOI: `10.1116/1.585205`.

[68] S. Berner, M. Brunner, L. Ramoino u. a. „Time evolution analysis of a 2D solid–gas equilibrium: a model system for molecular adsorption and diffusion". *Chem. Phys. Lett.* **348** (2001), S. 175. DOI: `10.1016/S0009-2614(01)01158-7`.

[69] J. M. Beebe, B. Kim, J. W. Gadzuk u. a. „Transition from Direct Tunneling to Field Emission in Metal-Molecule-Metal Junctions". *Phys. Rev. Lett.* **97**.2 (2006), S. 026801. DOI: `10.1103/PhysRevLett.97.026801`.

[70] M. Kiguchi, O. Tal, S. Wohlthat u. a. „Highly Conductive Molecular Junctions Based on Direct Binding of Benzene to Platinum Electrodes". *Phys. Rev. Lett.* **101** (2008), S. 046801. DOI: `10.1103/Phys RevLett.101.046801`.

[71] T. Mühl. „Scanning-tunneling-microscopy-based nanolithography of diamond-like carbon films". *Appl. Phys. Lett.* **85** (2004), S. 5727. DOI: `10.1063/1.1831567`.

[72] B. M. Law und F. Rieutord. „Electrostatic forces in atomic force microscopy". *Phys. Rev. B* **66**.3 (2002), S. 035402. DOI: `10.1103/Phys RevB.66.035402`.

[73] J. J. Sáenz, N. García, P. Grütter u. a. „Observation of magnetic forces by the atomic force microscope". *Journal of Applied Physics* **62**.10 (1987), S. 4293–4295. DOI: `10.1063/1.339105`.

[74] P. Grutter, Y. Liu, P. LeBlanc u. a. „Magnetic dissipation force microscopy". *Appl. Phys. Lett.* **71**.2 (1997), S. 279–281. DOI: `10.1063/1.119519`.

[75] C. M. Mate, G. M. McClelland, R. Erlandsson u. a. „Atomic-scale friction of a tungsten tip on a graphite surface". *Phys. Rev. Lett.* **59**.17 (1987), S. 1942. DOI: `10.1103/PhysRevLett.59.1942`.

[76] R. Pérez, I. Stich, M. C. Payne u. a. „Surface-tip interactions in non-contact atomic-force microscopy on reactive surfaces: Si(111)". *Phys. Rev. B* **58**.16 (1998), S. 10835–10849. DOI: `10.1103/PhysRevB.5 8.10835`.

[77] J. L. Hutter und J. Bechhoefer. „Manipulation of van der Waals forces to improve image resolution in atomic-force microscopy". *Journal of Applied Physics* **73**.9 (1993), S. 4123–4129. DOI: `10.1063/1.35 2845`.

[78] W. Allers, A. Schwarz, U. D Schwarz u. a. „Dynamic scanning force microscopy at low temperatures on a van der Waals surface: graphite (0001)". *Appl. Surf. Sci.* **140**.3-4 (1999), S. 247 –252. DOI: `10. 1016/S0169-4332(98)00535-2`.

[79] S. Morita, R. Wiesendanger und E. Meyer, Hrsg. *Noncontact Atomic Force Microscopy*. Springer, Berlin, 2002.

[80] F. J. Giessibl und G. Binnig. „Investigation of the (001) cleavage plane of potassium bromide with an atomic force microscope at 4.2 K in ultra-high vacuum". *Ultramicroscopy* **44** (1992), S. 281 –289. DOI: 10.1016/0304-3991(92)90280-W.

[81] G. Binnig. „Force microscopy". *Ultramicroscopy* **42-44** (1992), S. 7 –15. DOI: 10.1016/0304-3991(92)90240-K.

[82] T. R. Albrecht, P. Grutter, D. Horne u. a. „Frequency modulation detection using high-Q cantilevers for enhanced force microscope sensitivity". *J. Appl. Phys.* **69**.2 (1991), S. 668–673. DOI: 10.1063/1.347347.

[83] H. Hoelscher, D. Ebeling und U. D. Schwarz. „Theory of Q-Controlled dynamic force microscopy in air". *J. Appl. Phys.* **99**.8, 084311 (2006), S. 084311. DOI: 10.1063/1.2190070.

[84] R. Lin, M. Bammerlin, O. Hansen u. a. „Micro-four-point-probe characterization of nanowires fabricated using the nanostencil technique". *Nanotechnology* **15**.9 (2004), S. 1363. DOI: 10.1088/0957-4484/15/9/042.

[85] R. Holm. *Electric Contacts*. Springer, Berlin, 1967.

[86] G. L. Baldini, I. De Munari, A. Scorzoni u. a. „Electromigration in thin films for microelectronics". *Microelectron. Reliab.* **33**.11-12 (1993), S. 1779 –1805. DOI: 10.1016/0026-2714(93)90086-E.

[87] C. R. Crowell und S. M. Sze. „Ballistic Mean Free Path Measurements of Hot Electrons in Au Films". *Phys. Rev. Lett.* **15**.16 (1965), S. 659–661. DOI: 10.1103/PhysRevLett.15.659.

[88] Private Mitteilung Birgit Kiessig (2011).

[89] A. A. Houck, J. Labaziewicz, E. K. Chan u. a. „Kondo Effect in Electromigrated Gold Break Junctions". *Nano Lett.* **5**.9 (2005), S. 1685–1688. DOI: 10.1021/nl050799i.

[90] K. I. Bolotin, F. Kuemmeth, A. N. Pasupathy u. a. „From Ballistic Transport to Tunneling in Electromigrated Ferromagnetic Breakjunctions". *Nano Lett.* **6**.1 (2006), S. 123–127. DOI: 10.1021/nl0522936.

[91] M. Müller, G.-X. Miao und J. S. Moodera. „Exchange splitting and bias-dependent transport in EuO spin filter tunnel barriers". *Europhys. Lett.* **88** (2009), S. 47006. DOI: 10.1209/0295-5075/88/47006.

[92] T. E. Stern, B. S. Gossling und R. H. Fowler. „Further Studies in the Emission of Electrons from Cold Metals". *Proc. R. Soc. A* **124**.795 (1929), S. 699–723. DOI: `10.1098/rspa.1929.0147`.

[93] M. L. Trouwborst, C. A. Martin, R. H. M. Smit u. a. „Transition Voltage Spectroscopy and the Nature of Vacuum Tunneling". *Nano Lett.* **11**.2 (2011), S. 614–617. DOI: `10.1021/nl103699t`.

[94] K. H. Gundlach. „Zur Berechnung des Tunnelstroms durch eine trapezförmige Potentialstufe". *Solid-State Electronics* **9** (1966), S. 949. DOI: `10.1016/0038-1101(66)90071-2`.

[95] O. Yu. Kolesnychenko, O. I. Shklyarevskii und H. van Kempen. „Calibration of the distance between electrodes of mechanically controlled break junctions using field emission resonance". *Rev. Sci. Instrum.* **70**.2 (1999), S. 1442–1446. DOI: `10.1063/1.1149602`.

[96] E. H. Huisman, M. L. Trouwborst, F. L. Bakker u. a. „The mechanical response of lithographically defined break junctions". *J. Appl. Phys.* **109**.10 (2011), S. 104305. DOI: `10.1063/1.3587192`.

[97] B. Abeles, P. Sheng, M. D. Coutts u. a. „Structural and electrical properties of granular metal films". *Adv. Phys.* **24**.3 (1975), S. 407–461. DOI: `10.1080/00018737500101431`.

[98] A. Eberhagen. „Die Änderung der Austrittsarbeit von Metallen durch eine Gasadsorption". *Fort. d. Phys.* **8**.5-6 (1960), S. 245–294. DOI: `10.1002/prop.19600080502`.

[99] H. Landolt und R. Börnstein. *Landolt-Börnstein: Numerical Data and Functional Relationships in Science and Technology - New Serie.* Hrsg. von W. Martienssen. www.springer.com, 2011.

[100] R. Culver, J. Pritchard und F. C. Tompkins, Hrsg. *The change of surface potential of metallic films by chemisorption.* **243**. II. Int. Congr. Surface Activity, London. 1957.

[101] C. Ouellet und E. K. Rideal. „An Investigation of Adsorbed Films by Means of a Photoelectric Counter". *J. Chem. Phys.* **3**.3 (1935), S. 150–158. DOI: `10.1063/1.1749622`.

[102] J. Giner und E. Lange. „Elektronenaustrittsspannungen von reinem und sauerstoffbedecktem Au, Pt und Pd auf Grund ihrer Voltaspannungen gegen Ag". *Naturwissenschaften* **40**.19 (1953), S. 506–506. DOI: `10.1007/BF00629058`.

[103] Y.-L. Cheng, W.-Y. Chang und Y.-L. Wang. „Moisture effect on electromigration characteristics for copper dual damascene interconnection". *J. Vac. Sci. Tech. B* **28**.6 (2010), S. 1322 –1325. DOI: `10.1116/1.3501127`.

[104] S. J. Krumbein. „Metallic electromigration phenomena". *Components, Hybrids, and Manufacturing Technology, IEEE Transactions on* **11**.1 (1988), S. 5 –15. DOI: `10.1109/33.2957`.

[105] C. Durkan, M. A. Schneider und M. E. Welland. „Analysis of failure mechanisms in electrically stressed Au nanowires". *Appl. Phys. Lett.* **86**.3 (1999), S. 1280–1286. DOI: `10.1063/1.370882`.

[106] P. S. Ho und T. Kwok. „Electromigration in metals". *Rep. Prog. Phys.* **52**.3 (1989), S. 301. DOI: `10.1088/0034-4885/52/3/002`.

[107] D. G. Pierce und P. G. Brusius. „Electromigration: A review". *Microelectron. Reliab.* **37**.7 (1997), S. 1053 –1072. DOI: `10.1016/S0026-2714(96)00268-5`.

Danksagung

Diese Arbeit wäre ohne die Hilfe und Unterstützung zahlreicher Personen nicht zustande gekommen, bei denen ich mich sehr gerne bedanken möchte. Zunächst möchte ich Herrn Prof. v. Löhneysen ganz herzlich für seine Anregungen und Ideen in den vielen hilfreichen Diskussionen und seine Betreuung in schwierigen Phasen dieser Arbeit danken. Gleichzeitig möchte ich Herrn Prof. Weiß danken, dass er das Korreferat übernommen hat. Außerdem danke ich meiner direkten Betreuerin Regina Hoffmann-Vogel, die dieses Projekt überhaupt ins Leben gerufen und für große Teile der Arbeit für die Finanzierung gesorgt hat. Ich konnte vieles in meiner Zeit am PI von ihr, nicht nur auf dem wissenschaftlichen Sektor, lernen. Besonders bedanken möchte ich mich für ihr Engagement bezüglich meines Auslandsaufenthalts in Kanada und für die Proben, die mit Elektronenstrahllithografie in Zusammenarbeit mit Jacques Hawecker und Daniel Weissenberger hergestellt wurden. Ein besonderer Dank gilt Christoph Sürgers, der immer ein offenes Ohr für Probleme aller Art hatte. Die zahlreichen Veranstaltungen, die mit ihm außerhalb der Arbeit stattfanden, halfen mir sehr, in Zeiten in denen es gerade nicht sehr gut lief, nicht den Mut zu verlieren und die Arbeit weiterzuführen.

Den Mitarbeitern des CFN und Nanostructure Service Laboratory Stefan Kühn, Erich Müller und Patrice Brenner danke ich für die Hilfe mit dem FIB- und REM-System, mit denen sowohl die Aufsetzmasken als auch die unterätzten Masken hergestellt wurden, sowie Jaques Hawecker für die Abbildung der Strukturen im REM.

Für die Erstellung des Elektromigrationsprogrammes danke ich B. Gopalakrishnan und Regina Hoffmann-Vogel sowie Michael Marz, der mir bei der Weiterentwicklung geholfen hat. Außerdem möchte ich mich auch noch bei Birgt Kiessig sowohl für die Aluminiumproben als auch die gemeinsamen Diskussionen zusammen mit Roland Schäfer bedanken. Ich möchte mich auch ganz herzlich bei der Feinmechanikwerkstatt unter der Leitung von Herrn Dehm und der Elektronikwerkstatt unter der Leitung von Herrn Jehle sowie bei Orhan Aydin bedanken. Es hat sich relativ früh im

Verlauf meiner Arbeit am Physikalischen Institut abgezeichnet, dass der Aufbau der Ultrahochvakuumanlage und der modularen Probenhalter eine intensive Zusammenarbeit mit den Werkstätten bedingte. Auch bei den langwierigen Reparaturversuchen des RTMs standen die Werkstättenleiter mit Rat und Tat zur Seite. Lars Behrens und Richard Montbrun danke ich dafür, dass sie nie an meinen Computerproblemen verzweifelt sind. Ich verspreche Lars, dass ich in Zukunft seine Steuergelder nicht verschwenden werde. Besonders hervorheben möchte ich Richard Montbrun und Tihomir Tomanic, die mich seit Studienbeginn begleitet haben und von Kommilitonen zu guten Freunden geworden sind. Besonders während der langen Durststrecke der RTM-Reparatur bin ich froh, solch gute Freunde gehabt zu haben. Des Weiteren danke ich allen Mitarbeitern des Instituts, die bisher nicht explizit erwähnt wurden. Die Atmosphäre im Institut war immer ausgesprochen angenehm und ich empfand es als eine Bereicherung, mit so vielen netten Menschen zusammenarbeiten zu dürfen.

Zum Schluss möchte ich noch meiner Familie danken, die mir stets den Rücken freigehalten hat und auch darauf Rücksicht genommen hat, wenn ich aufgrund von Ärger am Arbeitsplatz schlechte Laune verbreitet habe.

Am meisten danke ich aber meiner Frau Marion, die in dieser Zeit und vor allem im letzten halben Jahr viel zurückstecken musste. Sie hat immer ein offenes Ohr für meine Probleme und steht in jeder Lebenslage zu mir.

Experimental Condensed Matter Physics
(ISSN 2191-9925)

Herausgeber
Physikalisches Institut

Prof. Dr. Hilbert von Löhneysen
Prof. Dr. Alexey Ustinov
Prof. Dr. Georg Weiß
Prof. Dr. Wulf Wulfhekel

Die Bände sind unter www.ksp.kit.edu als PDF frei verfügbar oder
als Druckausgabe bestellbar.